GREEN
Design
(3rd Edition)

绿色设计
（第3版）

许𢑳青　编著

北京理工大学出版社
BEIJING INSTITUTE OF TECHNOLOGY PRESS

内 容 简 介

本书在研究国内外绿色设计理论的基础上，结合具体的设计实例，系统地介绍了绿色设计的理论和实践。全书共分为 7 章，分别讲述了绿色设计产生的背景、绿色设计基础、绿色产品材料的选择、面向再循环的设计、面向拆卸的设计、绿色包装设计以及绿色设计的实施。绿色设计实例与设计理论相结合是本书的一大特色，既有实施绿色设计过程与步骤的实例，也有对具体产品和包装实例的讲解分析，便于学生学习和掌握。

本书是为工业设计专业本科生编写的教材，也可作为机械设计、管理等相关专业本科生及研究生的教材或参考书。

版权专有　侵权必究

图书在版编目（CIP）数据

绿色设计 / 许彧青编著. -- 3 版. -- 北京 ：北京理工大学出版社，2025.1
ISBN 978-7-5763-4979-5

Ⅰ. TB472

中国国家版本馆 CIP 数据核字第 2025WT2610 号

责任编辑：吴　博	**文案编辑**：李丁一
责任校对：周瑞红	**责任印制**：李志强

出版发行 /	北京理工大学出版社有限责任公司
社　　址 /	北京市丰台区四合庄路 6 号
邮　　编 /	100070
电　　话 /	（010）68944439（学术售后服务热线）
网　　址 /	http://www.bitpress.com.cn

版 印 次 /	2025 年 1 月第 3 版第 1 次印刷
印　　刷 /	三河市华骏印务包装有限公司
开　　本 /	889 mm × 1194 mm　1/16
印　　张 /	11.25
字　　数 /	364 千字
定　　价 /	59.00 元

图书出现印装质量问题，请拨打售后服务热线，负责调换

第 3 版前言

本书第 3 版依据 2013 年 12 月出版的《绿色设计（第 2 版）》做了若干修订。修订版保持了原版本的结构内容体系：第 1 章绿色设计产生的背景，第 2 章绿色设计基础，第 3 章绿色产品材料的选择，第 4 章面向再循环的设计，第 5 章面向拆卸的设计，第 6 章绿色包装设计，第 7 章绿色设计的实施。本书力图对绿色设计进行系统分析及全景描述。

修订版根据近十年来国内外绿色设计的最新研究成果，补充了若干理论和设计实例，对原版内容进行了知识更新，并改正了原书中出现的疏漏和错误。

全书由许㦋青编著。在本版的修订过程中，哈尔滨工程大学工业设计系的郭旭文、何锐琼、侯星宇、王肇启及美国萨凡纳艺术与设计学院的吴芊芊参加了图片修复及文字校对工作，吴芊芊编写了"1.1.4 环境伦理学""2.4.4 中的 2. 社会生命周期评价""3.4.1 可降解塑料的性能和应用"。

在本书的编写过程中，参考、引用了大量的国内外文献资料，在此向这些文献的作者致以诚挚的谢意。

由于编者水平有限，书中难免有不足之处，恳请读者批评指正。

编著者

2024 年 11 月 12 日

修订版前言

20世纪60年代，强调设计应认真考虑地球有限资源的使用，而且提出了为保护地球环境而服务的绿色设计思想；20世纪80年代末，美国首先掀起了"绿色消费"浪潮，越来越多的消费者开始崇尚绿色产品；21世纪初，绿色设计已成为现代设计研究的热点问题。2007年5月出版的《绿色设计》教材就是在这样的背景下诞生的。在编著《绿色设计》时，编著者力求用系统的观念和方法进行分析，全景描述绿色设计的相关概念、观点、准则等理论知识，通过设计实例使学生树立绿色设计的正确观念。《绿色设计》但经过6年的使用，仅从时间上看，第1版教材的内容已稍落后于教学要求。在第1版教材出版后的6年中，绿色设计受到了国内外更广泛的关注，绿色设计在理论、应用等方面的研究发展迅速，例如绿色冰箱的材料选择、电动汽车的量产化等；同时，开设绿色设计相关课程的院校和专业迅速增加，对相关教材的要求也不断提高，因此，有必要对《绿色设计》进行修订与充实。

本书是2007年5月出版的《绿色设计》的修订版。所遵循的修订原则：一是原版本的结构体系保持不变；二是根据近几年来国内外绿色设计的最新研究成果，补充了若干理论和实例；三是改正原书上的疏漏和错误。

本书内容仍为7章：第1章绿色设计产生的背景，第2章绿色设计基础，第3章绿色产品材料的选择，第4章面向再循环的设计，第5章面向拆卸的设计，第6章绿色包装设计，第7章绿色设计的实施。这样的编排能充分体现绿色设计知识的系统性及实用性。

全书由许彧青编著。在本版的修订过程中，哈尔滨工程大学工业设计系的李想、赵婷婷、张攀娜和王明月参加了图片修复及文字校对工作，李想编写了"3.4.1绿色冰箱的材料改进"这一部分。

在本书的编写过程中，参考、引用了大量的国内外文献资料，在参考文献中无法一一列出，在此向这些文献的作者致以诚挚的谢意。

由于编者水平有限，书中难免有疏漏和不足之处，敬请专家和读者批评指正。

许彧青
2013年6月18日

前 言

人类与环境是相互作用和相互影响的。在漫长的人类设计史中，人类在一定的自然环境条件下通过利用自然环境、改造自然环境得以生存并不断向前发展，同时，人类也在影响着自然环境。人类与环境之间的这种相互影响和作用，随着人类文明的发展也在不断变化和发展。人类与环境的关系并非一直和谐稳定，特别是工业革命后，工业设计在为人类创造了现代生活方式和生活环境的同时，也加速了资源、能源的消耗，并对地球的生态平衡造成了极大的破坏。而工业设计的过度商业化，使设计成了鼓励人们无节制消费的重要介质，更造成了社会资源的极大浪费。正是在这种背景下，设计师们不得不重新思考自己的职责和作用，绿色设计也就应运而生。

对绿色设计产生直接影响的是美国设计理论家维克多·巴巴纳克（Victor Papanek）。早在20世纪60年代末，他就出版了一本当时引起极大争议的专著《为真实世界而设计》（*Design for the Real World*）。该书专注于设计师面临的人类需求的最紧迫的问题，强调设计师的社会及伦理价值，同时强调设计应该认真考虑有限的地球资源的使用问题，并为保护地球的环境服务。对于他的观点，当时能理解的人并不多。但20世纪70年代"能源危机"爆发后，他的观点逐渐得到人们的认可，绿色设计也得到了越来越多的关注和认同。

绿色设计着眼于人与环境的生态平衡关系，强调在设计过程的每一个环节中都充分考虑环境影响和环境效益，尽量减少对环境的破坏。绿色设计包含了产品从概念形成到生产制造、使用乃至废弃后的回收、再利用及处理的各个阶段，涉及产品的整个生命周期。

本书在研究国内外绿色设计理论的基础上，结合具体的设计实例，系统地介绍了绿色设计的理论和实践。全书共分为7章，分别讲述了绿色设计产生的背景、绿色设计基础、绿色产品材料的选择、面向再循环的设计、面向拆卸的设计、绿色包装设计以及绿色设计的实施。绿色设计实例与设计理论相结合是本书的一大特色，既有实施绿色设计过程与步骤的实例，也有对具体产品和包装实例的讲解分析，便于学生学习和掌握。本书附有大量图片，对于学生深入理解和掌握教材内容很有帮助。每一章节之后还附有思考与练习题，引导学生进行深入思考及分析。

本书用系统的观念和方法进行分析，在全景描述绿色设计的相关术语、概念、观点、准则、方法等理论知识的基础上，力图通过设计实例的学习，使学生树立绿色设计的正确观念，使学生具有将绿色设计理论知识应用于具体设计中的能力。同时，本书还介绍了绿色设计最新的研究领域和方法，跟踪了绿色设计最新的发展动态。

本书是为工业设计专业本科生编写的教材，也可作为机械设计、管理等相关专业本科生及研究生的教材或参考书。

在本书的编写过程中，参考、引用了大量的国内外文献资料，在此向这些文献的作者致以诚挚的谢意。

由于编者水平有限，书中难免有疏漏和不足之处，敬请专家和读者批评指正。

许彧青

目 录

第 1 章　绿色设计产生的背景 …………………………………… 1
　1.1　环境与可持续发展 ………………………………………… 1
　1.2　绿色设计产生的直接背景 ………………………………… 19
　思考与练习题 …………………………………………………… 25

第 2 章　绿色设计基础 …………………………………………… 26
　2.1　产品生命周期和环境影响 ………………………………… 26
　2.2　绿色产品 …………………………………………………… 28
　2.3　绿色标志 …………………………………………………… 29
　2.4　绿色设计 …………………………………………………… 40
　思考与练习题 …………………………………………………… 57

第 3 章　绿色产品材料的选择 …………………………………… 58
　3.1　产品材料对环境的影响 …………………………………… 58
　3.2　绿色材料的内涵 …………………………………………… 58
　3.3　绿色设计中的材料选择 …………………………………… 62
　3.4　产品材料选择的案例分析 ………………………………… 65
　思考与练习题 …………………………………………………… 73

第 4 章　面向再循环的设计 ……………………………………… 74
　4.1　面向再循环的设计概念 …………………………………… 74
　4.2　面向回收的设计方法和设计指南 ………………………… 76
　4.3　再循环设计实例 …………………………………………… 79
　思考与练习题 …………………………………………………… 96

第 5 章　面向拆卸的设计 ………………………………………… 97
　5.1　面向拆卸的设计概念 ……………………………………… 97
　5.2　面向拆卸的设计准则 ……………………………………… 98
　5.3　面向拆卸的设计实例 ……………………………………… 102
　思考与练习题 …………………………………………………… 110

第 6 章　绿色包装设计 …………………………………………… 111
　6.1　绿色包装的研究内容 ……………………………………… 111
　6.2　绿色包装材料的选择 ……………………………………… 115
　6.3　绿色包装结构的设计原则 ………………………………… 119
　6.4　绿色包装设计的案例分析 ………………………………… 122

　　　　思考与练习题 ………………………………………………………………… 136

第 7 章　绿色设计的实施 ……………………………………………………………… 137
　　7.1　绿色设计的实施步骤 ………………………………………………………… 137
　　7.2　东芝集团绿色设计的实施 …………………………………………………… 143
　　7.3　宜家绿色设计的实施 ………………………………………………………… 149
　　7.4　汽车绿色设计的实施 ………………………………………………………… 153
　　7.5　绿色节能产品设计实例 ……………………………………………………… 162
　　　　思考与练习题 ………………………………………………………………… 163

参考文献 …………………………………………………………………………………… 164
附录 ………………………………………………………………………………………… 166

第1章 绿色设计产生的背景

1.1 环境与可持续发展

1.1.1 环境的概念

1972年,在斯德哥尔摩召开的联合国人类环境会议宣言中,对人类与环境的关系有这样一段阐述:"人类既是环境的产物,又是环境的创造者。环境不仅向人类提供维持生存的物质,同时也提供了人类在智力、道德、社会和精神等方面发展的机会。人类通过在地球上的漫长和曲折的进化过程,达到了这样一个阶段,即借助于科学技术的迅速发展,人类无论在改造环境方法的数量上还是在改造环境的规模上,均获得了巨大提高。而人类环境的两个属性,即自然环境和人工环境,对于人类的幸福和对于享受基本人权,甚至生存权利本身而言,都是必不可少的。"

有学者将"环境"定义为"主体或研究对象以外的,且围绕主体,占据一定空间,构成主体生存条件的各种物质实体或社会因素的总和"。"环境"是一个极其广泛的概念,它不能孤立存在,总是相对于某一个中心(主体)而言。如,人类环境是以人类为主体的外部世界,包括各种自然的、社会的因素;生态环境是以生物为主体的生物生存、生活必需的光、热、水、气、肥等空间及物质条件的总和;生存环境是主体(人类或生物)生存所必需的各种条件;地理环境是指人类环境的地球表层部分,是与人类关系最密切的部分。

在世界各国颁布的环境保护法规中,依据各自需要对"环境"进行定义。例如,《中华人民共和国环境保护法》中明确指出:"本法所称环境是指大气、水、土地、矿藏、森林、草原、野生植物、水生植物、名胜古迹、风景游览区、温泉、疗养区、自然保护区、生活居住区等。"

生物和环境是相互依存的统一体。人类离不开环境,人类在与环境的不断相互作用下得以生存和发展。人类不断地同环境打交道,通过社会劳动、利用自然环境和自然资源发展生产,创造物质财富,逐步克服不利的自然条件,不断地创造和改善人类居住的生活环境。反之,环境也在影响人类社会。

1.1.2 环境问题的产生

人类与环境是相互作用和相互影响的。人类在一定的自然环境条件下通过利用自然环境、改造自然环境得以生存并不断向前发展;同时,人类也在不断地影响自然环境。人类与环境之间的这种相互影响和作用,随着人类文明的发展也不断变化发展。人类与环境的关系并非一直和谐稳定,在一定阶段会产生种种不利的影响和后果。环境问题就是这种不利影响和后果的主要表现。

环境问题可以概括为全球环境或区域环境中出现的不利于人类生存和发展的各种现象。按导致环境问题的因素,环境问题大致可分为两类:一类是由自然力引起的原生环境问题,也称第一环境问题,如火山爆发、地震、洪涝、干旱、滑坡等引起的环境问题；另一类是由于人类的生产和生活活动引起的生态系统破坏和环境污染等危及人类自身的生存和发展的现象，被称为次生环境问题，也称第二环境问题，包括生态破坏、环境污染和资源浪费等。生态破坏是人类活动直接作用于自然界而引起的区域性的生态系统平衡遭到破坏的现象，如大面积开垦草原引起的沙漠化、植被破坏引起的水土流失等。环境污染包括大气污染、水体污染、土壤污染、生物污染等由物质因素引起的污染和噪声污染、热污染、放射性污染或电磁污染等由物理性因素引起的污染（也称环境干扰）。

一般地说，环境问题是指次生环境问题，也就是人类生产和生活活动引起的环境问题。

环境问题是随着人类社会和经济的发展而发展的。在第一次技术革命和产业革命之前，人类活动对环境的影响还是局部的，没有达到影响整个生物圈的程度。到了18世纪，以蒸汽机、纺织机的广泛使用为标志的第一次技术革命胜利完成。一系列发明和技术革新大大提高了人类社会的生产力。人类开始以空前的规模和速度开采和消耗能源以及其他自然资源。工业和城市开始迅速地发展。新技术使英国、美国和欧洲等地在不到一个世纪的时间里先后进入工业化社会。随着工业和城市的不断发展，环境问题也日益严重并复杂。19世纪的第二次技术革命把人类社会带到了电气时代，尤其是20世纪两次世界大战的爆发，刺激了工业和科学技术的发展，在人类生产能力和生活水平提高的同时，环境问题更加尖锐和突出。许多触目惊心的公害、污染事件震惊全世界，给人类带来了深重的灾难。如著名的"八大公害事件"就是代表（表1-1）。

表1-1 著名的"八大公害事件"

事件	时间和地点	危害	原因	主要污染物
马斯河谷事件	1930年12月，比利时马斯河谷	一周内，60多人死亡	气温逆转，引起有害气体、煤烟粉尘的聚积	粉尘、SO_2、CO
洛杉矶光化学烟雾事件	20世纪40年代初期，美国洛杉矶	刺激人的眼、鼻、喉，引发疾病，并使死亡率增高	汽车汽化率低，排出的大量碳氢化合物形成光化学烟雾，产生刺激作用	光化学烟雾、O_3、NO、NO_2
多诺拉事件	1948年10月，美国宾夕法尼亚州多诺拉小镇	全镇43%（5 911人）的人口相继发病，17人死亡	有雾的天气，造成空气中SO_2与金属元素、金属化合物的聚积及相互作用	SO_2、CO、AS、Pb等
水俣事件	20世纪50年代，日本九州南部水俣市	鱼类中毒，猫及人得怪病	氮肥厂的甲基汞化合物直接进入水俣湾中，并高浓度积累	甲基汞（CH_3Hg）

续表

事件	时间和地点	危害	原因	主要污染物
富山事件	20世纪五六十年代，日本富山	骨痛症患者达258人，死亡128人	炼锌厂排入神通川的废水中含Gr（镉），致使Gr中毒	Gr
四日事件	20世纪五六十年代，日本东部沿海四日市	人患上哮喘病等呼吸系统疾病，到1970年已达500多人	人吸入石油化工厂排出的SO_2、金属粉尘等	SO_2、粉尘
米糠油事件	1968年，日本九州爱知县	患者超过1万人，16人死亡，10万只鸡死亡	米糠油的生产过程中混入了多氯联苯，人、鸡食后中毒	多氯联苯（PCB）
伦敦烟雾事件	1952年12月，英国伦敦	先后死亡1万多人	大气中SO_2和粉尘的浓度过高	SO_2、粉尘

1.1.3 全球性的环境问题

1. 全球气候变暖问题

全球气候变暖应归咎于人类生产活动排放的CO_2、CH_4、CFCs、NO_2等物质。CO_2来源于燃烧的石油、煤炭和木材。CH_4来自未经过燃烧的天然气，以及北极冰帽释放的CH_4。据统计，自1800年以来，人类仅燃料一项，向大气中排放的CO_2就超过了1 800亿t，大气中CO_2的浓度比工业化前提高了25%，而且目前还以每年0.5%的速度递增。根据英国气象办公室最新的气候预测，到2070年，英国的冬季预计将更温暖，根据排放情境的不同，温度将比现在上升1～4.5 ℃。同样，根据地区的不同，夏季温度预计上升1～6 ℃，干燥程度增幅可达60%。英国气象办公室还指出，气候变化将增加极端天气事件的频率和强度，造成严重的生态后果。另据联合国政府间气候变化专门委员会（Intergovernmental Panel on Climate Change，IPCC）2019年的报告表明，在最坏的排放情景下，全球海平面可能在21世纪末上升0.61～1.1 m。根据最新的研究和报告，孟加拉国是全球最容易受到气候变化影响的国家之一。由于大部分地区低于海平面，预计在未来几十年内，孟加拉国将面临更加严重的洪水和海平面上升的挑战。如果全球变暖持续以现在的速率发展，17%的孟加拉国土地可能需要重新安置人口。到2050年，由于预计海平面上升0.5 m，孟加拉国可能会失去11%的土地，导致多达1 800万人因海平面上升而迁移。

2. 同温层臭氧耗竭和地面臭氧污染

同温层臭氧能吸收太阳的大部分紫外线辐射，而透过大气层的少量紫外线辐射可以杀菌防病，保护地球上的人类和其他生物。

CFCs（氯氟烃类物质）是美国化学家发明制造的人工合成的化学品，以前CFCs在很多领域里被广泛应用，主要是做制冷剂、发泡剂和喷雾罐的推进气体。然而，CFCs正在使臭氧层日益损耗。如果臭氧层变薄，或者大面积消失，就会产生臭氧层空洞，这种使臭氧层遭到破坏的现象称为臭氧层耗损（Ozone Layer Depletion），它会给地球的生物带来灾难。臭氧层每减少3%，皮肤癌患者将增加20万名，白内障患者将增加40万名；很多动物、植物对紫外线敏感，紫外线会影响其生存和生长；有些农作物将减产，如大豆将减产25%以上。臭氧层每减少7.5%，海洋中小虾的繁殖期将缩短一半。目前，由于全球对《蒙特利尔破坏臭氧层物质管制议定书》(简称《蒙特利尔议定书》)的响应，几乎99%被禁止的臭氧消耗物质已被淘汰，臭氧层正在走向恢复，预计到2040年恢复到1980年的水平，即臭氧空洞被发现前的时期。预计南极臭氧层的恢复将在2066年，北极臭氧层的恢复将在2045年。这项国际协议展示了协调一致的全球行动在解决环境问题上的有效性。

地面臭氧是覆盖许多城市地区的光化学烟雾的主要成分。它不是直接被排放的，而是当燃料燃烧时氮氧化物和大气中未燃烧的汽油或油漆溶剂等挥发性有机化合物反应时形成的。随着汽车和工业排放的增加，地面臭氧污染在欧洲、北美、日本以及我国的许多城市中成为普遍现象。作为有力的氧化剂，臭氧能够与几乎任何生物组织反应。呼吸浓度为1.2×10^{-8}的臭氧（许多城市中典型的水平），能够使呼吸道发炎，损害肺功能，引起咳嗽、气短和胸痛。

3. 资源枯竭

（1）生物资源。

环境污染已严重威胁到生物的多样性。有全球一千多名专家参与的千年生态系统评估（MA）给出评估：每年多达8 700个物种灭绝，即每天24个物种灭绝。由于环境的破坏、资源的过度开发和引进外来物种等原因，地球上的物种正在不断消失。森林不仅是人类生活和生产的重要资源，而且在维护人类生存环境、保持生态平衡方面具有重要作用。从20世纪60年代到80年代中期，全世界的森林覆盖率下降了1/3，共失去了30万hm^2森林。森林吸收CO_2，可以有效地遏制温室效应和全球变暖，对气候稳定、水土保持和生物多样性都有不可替代的作用。造成森林生态破坏的主要原因是过度砍伐和酸雨等大气污染。动物资源也是如此，仅北冰洋的30种主要鱼类中，就27种数量大幅度减少。2020年9月，联合国秘书长古特雷斯在生物多样性峰会上表示，由于过度捕捞、破坏性做法和气候变化，世界上60%以上的珊瑚礁濒临灭绝。过度消费、人口增长和集约农业导致野生动物数量急剧下降。物种灭绝的速度正在加快，目前多达100万物种受到威胁或濒临灭绝。据世界自然基金会发布的《地球生命力报告2020》显示，从1970年到2016年，监测到的哺乳类、鸟类、两栖类、爬行类和鱼类种群规模平均下降了68%。虽然我国是世界上物种最为丰富的国家之一，但同时也是生物多样性受到威胁最严重的国家之一。由于生态系统的破坏和退化，许多物种变成濒危种和受威胁种。2020年高等植物中受威胁种高达1万多种，占评估物种总数的29.3%，真菌中受威胁种类高达6 500多种，占评估物种总数的70.3%。在《濒危野生动植物种国际贸易公约》（CITES）列出的640个世界性濒危物种中，我国有156种，占其总数的25%。

（2）矿产资源。

地球上的许多自然资源（如原油、煤炭、金属矿产等）是不能重新生成或需要经过相当长的时间才能形成的，因此被称为不可再生资源。然而当今工业生产主要依靠高投入、高消耗、高污染的粗放型方式谋求经济的增长，社会生产对资源和能源的摄取消耗能力远远地超过了环境对经济的承载能力，从而造成了资源枯竭危机。据2010年统计，地球上探明的可采储量：石油1万亿桶，可供使用45～50年；天然气120万亿m^3，可供使用50～60年；煤炭1万亿t，可供使用200～220年。全球已探明的主要金属与非金属矿产资源储量为1450亿t。其中，铝可保证供应222年、铜33年、铅18年、汞43年、镍51年、锌20年、铁矿石161年。

（3）土地资源。

土地退化是当代最为严重的生态环境问题之一，其根本原因在于人口高速增长、农业生产规模不断扩大、滥伐森林和过度放牧等。联合国在2022年发布的《全球土地展望2》报告中提到全球高达40%的土地已经退化，直接影响到一半的全球人口，约一半的全球GDP（44万亿美元）受到威胁。该报告预测，如果"一切照旧"的情景持续到2050年，面积几乎相当于南美洲的土地将进一步退化。同时，该报告向决策者指出了数百种切实可行的方法来恢复地方、国家和区域的土地和生态系统。

4. 大气污染

据统计，现在每年排入大气的硫氧化物、碳氢化物、氮氧化物、CO和CO_2等有害气体多达10亿t以上，排入大气中的吸附着许多有毒有害金属、无机物和有机物的成分复杂的颗粒物质也高达5亿t以上。据报道，1873—1973年这100年间，全世界发生过19起重大空气污染事件，直接死亡人数近2万人。大气污染不仅会诱发呼吸道炎症、支气管炎、肺气肿等疾病，严重危害人们的健康，还会腐蚀金属制品、油漆涂料、皮革制品、纺织衣料、橡胶制品和建筑物等。另外，大气污染还会导致农业减产，所以危害巨大。1998年，我国废气中SO_2的排放总量为2091.4万t，全国酸雨面积已占国土面积的1/3左右，并呈扩大趋势。2017年，中国废气中SO_2排放量为875.4万t，主要的大气污染物已经由SO_2和总悬浮颗粒物（TSP）的污染转为可吸入颗粒物（PM10）和细颗粒物（PM2.5）的污染，污染程度十分严重的区域有东北、西北、华北地区以及长江以南和四川盆地的部分地区，其中以华北地区最为突出。近几年，治理略显成效，2023年，全国地级及以上城市细颗粒物平均浓度为30 ug/m^3，优于32.9 ug/m^3的年度目标，连续4年低于35 ug/m^3。

5. 淡水危机和水污染

淡水资源一般是指包括江河湖泊中的水、高山冰雪以及能被开发的地下水和高山冰雪融化在内的陆地淡水资源。地球表面71%被海洋覆盖，但真正能利用的淡水是江河湖泊和地下水中的部分，占淡水总量的1%。水污染和人口增长造成了淡水危机。2020年发布的《世界水发展报告》显示，全球用水量在过去的100年里增长了6倍，水资源的需求正在以每年1%的速度增长。据同年统计，中国人均淡水资源量只有2100 m^3，仅为世界人均水平的28%。我国约2/3城市缺水，约1/4城市严重缺水。

水污染是指进入水体的污染物超过水体自净能力，而导致水体化学、物理、生物或者放射性等方面特性的改变，从而影响水的有效利用，危害人体健康或者破坏生态环境，造成水质恶化的现象。第四届世界水论坛（2006年）提供的《联合国水资源世界评估报告》显示，全世界每天约有数百万吨垃圾倒进河流、湖泊和小溪，每升废水会污染8升淡水；所有流经亚洲城市的河流都已经被污染；美国40%的水资源流域被加工食品废料、金属、肥料和杀虫剂污染；欧洲55条河流中仅有5条水质勉强能用。2024年3月发布的《2024年联合国世界水发展报告》指出，在低收入国家，污水处理程度低是环境水质差的主要原因，而在高收入国家，农业面源污染是最严重的问题。值得关注的新污染物包括全氟烷基物质和多氟烷基物质（PFAS）、药品、激素、工业化学品、洗涤剂、蓝藻毒素和纳米材料。

6. 固体废弃物

固体废弃物通常是指在生产、日常生活和其他活动中产生的污染环境的固态、半固态废弃物质，俗称"垃圾"。未经处理的工厂废物、废渣、医疗和生活垃圾简单露天堆放，占用土地，破坏景观，而且废物中的有害成分通过空气传播，随着雨水进入土壤、河流或地下水源，这个过程就是固体废弃物污染。固体废弃物主要包括城市生活固体废物、工业固体废物和农业废弃物。城市生活固体废物主要是指在城市日常生活中或者为城市日常生活提供服务的活动中产生的固体废物，即城市生活垃圾，主要包括居民生活垃圾、医院垃圾、商业垃圾和建筑垃圾。

美国1988年的固体废弃物是117亿t，其中危险的废物为7亿t，在这些固体废弃物中，各个行业的贡献率分别是：工业生产56%，采矿业15%，石油工业13%，农业生产9%，日常生活2%，其他5%。2020年我国一般工业固体废物产生量为36.8亿万t，其中危险废物产生量为7 281.81万t。

固废处理工程通常执行的是减量化、无害化和资源化三种处理目标。减量化是通过预防减少或避免源头的废物产生量；无害化是对废物进行无害化处理减少毒性；资源化是指对于源头不能削减的废物和消费者产生的废物加以回收、再使用、再循环，使它们回到经济循环中去。发展中国家以无害化为主，经济发达国家一般以资源化为主。我国目前以无害化为主，随着行业技术的发展和国家政策的引导，逐步向固废资源利用发展。

对不可回收、不再循环的固体废弃物，主要有三种处理方式：倾倒法、填埋法和焚烧法。

倾倒法：把固体废弃物直接倾倒于河流或海洋中，由于河流和海洋的自清洁能力有限，倾倒法给社会和生态造成了数不清的危害。

填埋法：把固体废弃物集中起来，填埋于建好的填埋场，或装在密封的容器中，再把容器填埋于地下。这些固体废弃物并没有处理掉，如核废料的处理问题是世界性的难题。

焚烧法：焚烧法是固体废物高温分解和深度氧化的综合处理过程，把大量有害的废料分解而变成无害的物质。由于固体废弃物中可燃物的比例逐渐增加，采用焚烧方法处理固体废弃物，利用其热能已成为必然的发展趋势。以这种方法处理固体废弃物，占地少、处理量大，在保护环境、提供能源等方面可取得良好的效果。焚烧过程获得的热能可以用于发电；利用焚烧炉产生的热量，也可以取暖、用于维持温室室温等。固体废弃物处理行业的发展，基本是逐渐完善固体废弃物最大化利用产业链的过程。德国和日本的固体废弃物处理行业发展已较为成熟，在固体废弃物综合管理及利用方面属国际领先水平。因两国地理情况、文化差异等因素的不同，它们在利用方式上也存在明显不同。德国的主流固废处理方式是回收利用，回收利用率从1993年的不足30%增长到2016年的66%。日本的主流固体废弃物处理方式是垃圾焚烧，焚烧处理率常年维持稳定，2016年达78%。两国在固体废弃物处理行业发展上有着共同的特点是"去填埋化"。哪怕是卫生化填埋，也存在占用土地资源、垃圾能源利用率较低等缺点。日本的填埋处理率持续降低，自2008年起已低于2%；德国更是在2009年基本实现了垃圾零填埋。美国在经历了1980—2000年期间大规模的"去填埋化"后，近年来固废处理方式较为稳定，填埋仍是其主流处理方式，2014年垃圾填埋占比为53%，垃圾焚烧和回收利用占比分别为13%和34%。

1.1.4 环境伦理学

1. 《寂静的春天》与环境

1941年，雷切尔·卡逊（Rachel Carson）出版第一部著作《海风下》，描述海洋生物；1951年出版了《环绕我们的海洋》，连续86周荣登《纽约时报》杂志畅销书籍榜，获得1952年美国国家图书奖，被改编成纪录片并获得奥斯卡奖；1955年完成第三部著作《海洋的边缘》，又成为一本畅销书。1958年，雷切尔·卡逊意识到喷洒杀虫剂和除草剂（其中一些是DDT类的有毒化合物）导致野生动植物及其栖息地被大规模破坏，并开始明显危及人类的生命时，她决定大声疾呼，《寂静的春天》由此诞生，并于1962年正式出版。该书让世人意识到DDT和其他化学农药致命的影响，继续滥用这些"死神灵药"将导致未来人类可能面临一个没有鸟、蜜蜂和蝴蝶的"寂静的春天"。该书使公众对化学污染和环境保护的态度发生了巨大的变化，这不仅是一本激起了全世界环境保护事业的书，而且被看作是全世界环境保护事业的开端。

"二战"之后的10年，人口的增加使人们对农产量的需求增加，作物的虫害损失高达37%，于是人们采用化学制剂来控制虫害。这10年也成为化学农药发明、生产和使用急剧发展的时期。《寂静的春天》出版之前，无论是科学家还是公众，主要关注化学农药能消灭害虫且对人和作物无害。《寂静的春天》出版之后，杀虫剂使用的长期效果及其伦理上的意义就摆在人们的面前。

最初，使用农药在解决健康及农业问题上是技术可行、效果显著且经济实用的方法。如DDT和其他卤代烃类杀虫剂在灭蚊虫和其他携带疟疾、伤寒和黑死病等病菌的昆虫方面极为有效。农药帮助农民几乎不用提高成本即可减少农作物损失。但是，农药对食物链中的其他生物有何影响？谁来制定及评定安全和风险等级？获取的利益值得冒那么大的风险吗？这些涉及生态及伦理的问题仍未提及。

《寂静的春天》促使科学界、工业界、农业界以及普通公众思考长期使用农药的生态学效果。比如，许多化学药品长效而不易分解，DDT即是这样，它不溶于水但溶于脂肪。DDT不仅可在生物链中长期存在，而且富积在生物的脂肪组织中,直至产生高位营养级生物体内的DDT浓度高于低位营养级生物的"生物放大"作用，即水体中少量的DDT通过所谓的"生物放大"作用在浮游生物中富积，在以吃这些浮游生物为生的小鱼体内浓缩，进一步在后面的生物链中富积。"二战"后的几十年间，农药大量使用，位于食物链顶端的鸟，如秃鹫、游隼、鱼鹰、鹈鹕等都受到严重威胁。这些鸟体内残留的DDT

导致鸟卵卵壳的钙含量不足,这就意味着卵壳太薄而无法保护未孵化的小鸟。现在,同样的有毒物质的生物放大过程使得人类消费的鱼成为危险食物,这些有毒物品包括印刷电路板、水银和铅。

《寂静的春天》指出,从19世纪40年代中期开始,到20世纪50年代末,已经有二百多种基本的化学合成物被创造出来用于杀死昆虫、野草、啮齿动物和其他害虫生物。这些喷雾剂、药粉和喷洒药水等化学物质,在各种商店里以几千种不同的名称销售,几乎被全世界的农场、果园、森林和家庭使用。例如农药,它会毫无选择地杀死对人类来说"好"或"坏"的昆虫,会让鸟儿和鱼儿都寂静下来,让树叶披上一层足以致命的薄膜,并长期滞留在土壤里。所以,雷切尔·卡逊将杀虫剂称作"杀生剂"。

首先,没有哪种农药能精确到只杀害虫而不杀它们的天敌。比如杀蚜虫的杀虫剂也会杀死吃蚜虫的天敌瓢虫和螳螂。其次,幸存的害虫会对农药产生抗药性,通过随机的基因突变,某些害虫会对某些农药产生天然的抵抗力,再经过自然选择,这些生物会迅速增加,而缺乏抵抗力的物种以及其天敌则被杀死。最后,经过不太长的时间(例如许多昆虫物种的一个世代就只是几天),害虫会进化出抗药性并将其遗传,从而使原来的农药失去效力。这样,就得加大农药的剂量和使用次数,或寻求新的化学药剂而重新开始这个过程。整个使用化学药品的过程看上去很像是一个呈螺旋状上升的运动,即更多的有毒物质不断被发明,然后害虫不断适应,人类再发明新的化学药品。

雷切尔·卡逊强调,未来的历史学家很可能会为当今人类在权衡利弊时的幼稚行为和缺乏判断力而吃惊。人类想要控制不想要的物种时,怎么能采取这样既污染了整个环境,又会给自己带来疾病和死亡威胁的方法呢?这是理性的选择吗?雷切尔·卡逊指出,化学杀虫剂并非完全不可以使用,但是人类却很少或完全没有调查研究化学杀虫剂对土壤、水源、野生动植物及人类产生的侵害,特别是对潜在的危害视若无睹。这是非常可怕的,后代人会宽恕这种过失吗?

2. 环境伦理学

正如雷切尔·卡逊的建议,人类不能将环境问题简单地当作技术问题去解决,不能寄希望于某具体学科去解决。环境问题具有相当的广度和深度,例如杀虫剂污染问题就包括农业、生物和化学各分支,医学、经济学、政治学和法学等领域。同样,也找不到一个不提出基本价值问题的环境问题。

然而,期盼用科学迅速补救的另一个极端是完全转向哲学伦理而不是再借助科学。如果认为某个抽象的伦理学就能解决环境问题也是完全错误的。无视科学、技术和其他相关学科而只是进行伦理、哲学的分析对环境问题的解决毫无作用。

如果想在环境问题的挑战面前有所作为,最重要的就是认识到科学和伦理一样重要。一个古老的哲学格言可以帮助人们领悟这一点:"没有伦理学的科学是盲目的,而没有科学的伦理学是空洞的。"因此,环境伦理学是一门介于伦理学与环境科学之间的新兴的综合性科学,旨在系统地阐释有关人类和自然环境间的道德关系。环境伦理学假设人类对自然界的行为能够而且也一直被道德规范约束着。

(1)环境伦理学研究的必要性

环境伦理学研究的必要性可以归纳为以下四个方面。

① 环境伦理学理论给出了讨论和理解环境伦理问题时的共同语言。环境伦理学以大量的深层次的问题为特征。显然，考察和解决问题的第一步是完全、准确地把握这些问题。环境伦理学的基本概念、范畴以及概念间的关系，能给出交流和对话的基础，如权利、责任、功用、公共利益等概念。环境伦理学的理论使在具体问题中并不清晰的一般信念及价值观更清晰和系统化。通过学习哲学伦理语言，人们将学会去理解、评价和交流环境问题。反过来它又使人们能参与到环境问题当中。

② 由于环境伦理学理论在人类文化传统中的重要影响，且反映在人类的思维方式中。通过学习，人们可以更了解自己的思维和假设方式，这样就可让其观点清晰，以便更好地论证。更重要的是这将拥有严格的检查自己思路的哲学洞察能力。弄清这些，人们就可以更好地明白和理解一些环境伦理问题。

③ 环境伦理学理论的传统作用是提供指导和评价。环境伦理学的历史为分析和建议提供了基础。在提出环境问题的解决方案时，进行环境伦理推理的方法中有许多是与标准的伦理学理论相一致的。哲学家已经花了大量的时间和精力思考伦理学问题，揭示它们的优缺点，所以环境伦理学理论知识是进行环境问题研究所必备的。

④ 熟悉环境伦理学理论是重要的。环境伦理学的一个重要的部分是考察有关伦理学的哲学理论。在这方面，环境伦理学不仅得益于传统的伦理学理论，而且对发展这一哲学分支有新的贡献。环境伦理学实践有时会向哲学家所论证的伦理学理论提出质疑。

（2）环境伦理学的特征

作为一门研究环境伦理的基本要求、原则规范及其学理基础的新兴学科，在英美学术界，环境伦理学与生态伦理学是两个可以互换的术语。现代意义上的环境伦理构建于20世纪70年代。到20世纪80年代后期，随着人类中心主义、动物解放/权力论、生物中心主义、生态中心主义这一"四分天下"的理论格局的形成，环境伦理学界对环境伦理的哲学建构基本完成。20世纪90年代以来，环境伦理学的研究视角和研究视野已发生了很大变化，也得到了一个较为宽泛的定义：环境伦理学是研究与环境保护有关的伦理问题的伦理学说，其目的是为环境保护提供一个恰当的道德根据。

从2000年起，环境伦理学具有了全新的特征。

一是研究对象的全面扩展，它使伦理思考的范围超越了人们的共同体和国家的界限，进而不仅包括所有的人，还包括动物和整个自然界，即生物圈。

二是在价值取向上，倡导与大自然和谐相处的"绿色生活方式"，并试图建立一种更加平等的分配方式，并把全人类当作环境道德关怀的对象。

三是研究方法的跨学科，环境科学、环境美学、生态经济学等学科各有各自的特点，其视角和研究方法都对环境伦理学产生了重要影响，这些学科与环境伦理学往往是相互渗透、相互影响的。

四是研究视野的全球性。鉴于地球生态系统的整体性，全人类必须要在环境保护问题上相互合作，达成共识，因此环境伦理是一种典型的全球伦理，环境伦理学必须具有全球视野。

可见，环境伦理学体系给了设计师一些极富智慧的提示，对于设计师来说，进行设计时应充分认识人与自然关系，并怀有深刻的环境伦理责任感与深切的生态关怀。

1.1.5 可持续发展历程简介

可持续发展的历程简介如表1-2所示。

表1-2 可持续发展历程简介

时间	事件
1962年	美国海洋学家雷切尔·卡逊（Rachel Carson）在研究美国使用杀虫剂的危害后，发表了环境保护科普著作《寂静的春天》
1970年	1970年4月22日，美国2 000多万人上街游行要求保护环境，7月22日成为世界地球日纪念日
1972年	以D.L.米都斯（D.L.Meadows）为首的科学家组成的罗马俱乐部提出了关于世界趋势的研究报告《增长的极限》，这个报告对于保护环境和生态，树立可持续发展观有重要的积极推动意义
	6月5—16日，联合国人类环境会议（United Nations Conference on the Human Environment）在瑞典斯德哥尔摩召开，有113个国家派团参加，共同讨论了环境对人类的影响问题。会议发表了《关于人类环境的斯德哥尔摩宣言》和《人类环境行动计划》，将每年的6月5日定为世界环境日
	联合国人类环境会议之后，成立了联合国环境规划署（United Nations Environment Programme，UNEP）
1974年	联合国人类住宅会议在温哥华召开
1980年	联合国环境规划署、国际自然和自然资源保护联合会（International Union for Conservation of Nature，IUCN）制定的《世界资源保护大纲》首次提出了可持续发展的问题
1981年	1981年，美国世界观察研究所的莱斯特·布朗（L.Brown）出版了《建立一个持续发展的社会》一书，提出解决人口爆炸、经济衰退、环境污染、资源匮乏等世界性难题的出路是建立一个持续发展的社会，他还描绘了持续发展社会的形态
1982年	联合国环境规划署在肯尼亚内罗毕召开了特别会议，通过了《内罗毕宣言》。该宣言针对世界环境出现的新问题，提出了一些各国应共同遵守的新的原则；同时还指出了进行环境管理和评价的必要性
1983年	联合国秘书长佩雷斯·德奎利亚尔任命挪威的格罗·哈莱姆·布伦特兰为主席，建立和主持一个独立的世界环境与发展委员会（World Commission on Environment and Development，WCED）。该委员会的任务是要制定一个"革命性的全球议程"，主要内容有：提出到2000年及以后实现可持续发展的长期环境策略；考虑人口、资源、环境和发展相互关系，来形成发展中国家以及处于不同经济和社会发展阶段的国家间广泛合作的机制，建立共同和互相支持的目标；寻找一些途径和措施，使国际社会能够更有效地处理环境事务；有助于确定对长期存在的环境问题的共识、成功处理环境保护和改善环境所需要的努力、未来几十年的长期行动议程以及国际社会所期望达到的目标

续表

时间	事件
1985年	联合国环境规划署在维也纳召开的保护臭氧层外交大会，通过了《保护臭氧层维也纳公约》（简称《维也纳公约》）
1987年	以挪威前首相布伦特兰夫人为首的"世界环境与发展委员会"（WCED）根据联合国的决议，在3年调查研究的基础上，向联合国提交了一份题为《我们共同的未来》的报告。该报告阐述了可持续发展的定义和可持续发展战略的内容，开始把生态、经济、社会统一为不可分割的整体；提出了"从一个地球走向一个世界"的总观点。该报告包括共同的关注、共同的挑战和共同的努力三部分，并第一次明确给出了可持续发展的定义
	联合国环境规划署通过关于臭氧层的《蒙特利尔议定书》
1988年	联合国环境规划署及世界气象组织（World Meteorological Organization，WMO）设置"政府间气候变化委员会"，在学术上统一认识，研究对策
1989年	69个国家的环境部部长聚集荷兰，就大气污染和气候变化问题发表《诺德威克宣言》
	第44届联合国大会通过第228号决议，决定筹备联合国环境与发展会议（UNCED）
	联合国环境规划署通过《控制危险废物越境转移及其处置的巴塞尔公约》（1992年生效）
1990年	联合国环境与发展会议第一次实质性筹备会议在内罗毕召开
1991年	由联合国环境规划署、联合国开发计划署（United Nations Development Programme，UNDP）和世界银行（World Bank，WB）共同管理的全球环境基金（Global Environment Facility，GEF）开始试运行
	《气候变化框架公约》《生物多样性公约》开始第一次谈判
	在北京召开的发展中国家环境与发展部长级会议通过《北京宣言》
1992年	在巴西里约热内卢召开了联合国环境与发展大会，有178个国家和地区派团参加了这次会议，会议通过了《关于环境与发展的里约热内卢宣言》《21世纪议程》《联合国气候变化框架公约》和《联合国生物多样性公约》等重要文件。这次会议之后成立了"联合国可持续发展委员会"
1993年	《巴塞尔公约》第一次缔约方会议召开
	中国环境与发展国际委员会成立；《中国环境与发展十大对策》发布
	联合国可持续发展委员会（UNCSD）第一次年会召开
1994年	《中国21世纪议程》发布

续表

时间	事 件
1994年	《生物多样性公约》第一次缔约方会议召开
	《蒙特利尔议定书》第六次缔约方会议召开
1995年	《气候变化框架公约》第一次缔约方会议召开
	《荒漠化公约》谈判结束,开放签字
1996年	联合国第二次人类住区会议在伊斯坦布尔召开;《巴塞尔公约》《生物多样性公约》《气候变化框架公约》《蒙特利尔议定书》和UNCSD等继续召开会议
1997年	联合国环境与发展会议第五次年会召开
	联大特别会议对《21世纪议程》5年来的进展做"综合评议"
2000年	千年首脑会议于9月6—8日在纽约联合国总部召开,是截至当时有史以来规模最大的会议,汇集了最多的国家元首和政府首脑。会上,189个会员国通过了《千年宣言》,设立了8项千年发展目标:① 消灭极端贫穷和饥饿;② 实现普及初等教育;③ 促进两性平等并赋予妇女权;④ 降低儿童死亡率;⑤ 改善产妇保健;⑥ 与艾滋病毒/艾滋病、疟疾和其他疾病作斗争;⑦ 确保环境的可持续能力;⑧ 制定促进发展的全球伙伴关系
2002年	在南非约翰内斯堡召开了可持续发展世界峰会,有191个国家派团参加,其中104个国家元首或政府首脑参加了这次会议。会议的主要目的是回顾《21世纪议程》的执行情况、取得的进展和存在的问题,并制订一项新的可持续发展行动计划。会议通过了《关于可持续发展的约翰内斯堡宣言》和《可持续发展世界峰会实施计划》
2003年	联合国支持的世界气候变化大会在莫斯科召开
2005年	世界首脑会议于9月14—16日在纽约联合国总部举行,共有170多位国家元首和政府首脑参加。会议议程是基于秘书长科菲·安南在题为《大自由》的报告中提出的一系列建议。在会议上,各国领导人同意从多个方面进行干预,以解决重大全球问题。各国政府坚定承诺在2015年前实现《千年宣言》提出的发展目标,承诺每年增加500亿美元用于消除贫困,决心找到创新的发展资金来源,采取额外措施以确保长期债务可持续性
2008年	9月25日,联合国秘书长和联合国大会主席在纽约联合国总部召开了关于千年发展目标的高级别会议。距离千年发展目标的截止期限2015年还剩下一半的时间,实现千年发展目标已取得重大进展,但利益攸关方需加快行动并采取紧急措施,及时实现千年发展目标
2009年	12月7—18日,《联合国气候变化框架公约》第15次缔约方会议暨《京都议定书》第5次缔约方会议(也称哥本哈根联合国气候变化大会)在丹麦首都哥本哈根召开,会议商讨了《京都议定书》一期承诺到期后的后续方案,即2012—2020年的全球减排协议

续表

时间	事　件
2010年	千年发展目标首脑会议于2010年在纽约召开，通过了一项题为《履行诺言：团结一致实现千年发展目标》的全球行动计划。另外，首脑会议还宣布了一系列致力于消除贫困、饥饿和疾病的倡议，并启动了"促进妇女儿童健康全球战"
2011年	9月8—9日，联合国可持续发展大会高级别研讨会在北京召开，该会议是为2012年6月在巴西里约热内卢举行的联合国可持续发展大会做准备
2012年	6月20—22日，联合国可持续发展大会在巴西里约热内卢举行。此次会议与1992年在里约热内卢召开的联合国环境和发展大会正好时隔20年，因此也被称为"里约+20峰会"。该会议集中讨论两个主题：一是绿色经济在可持续发展和消除贫困方面的作用；二是可持续发展的体制框架
2013年	9月25日，千年发展目标首脑会议大会主席组织了关于到2015年实现千年发展目标的特别活动。在特别活动上，会员国重申了为实现目标所做的相关承诺，并同意在2015年9月召开一场高级别峰会，以千年发展目标取得的成果和未来将面临的挑战为基础，制定一系列新目标。新目标旨在平衡可持续发展的三个要素：为帮助人们摆脱贫困提供经济转型和机遇、促进社会正义及保护环境
2015年	150多位各国领导人齐聚纽约联合国总部，召开了为期三天的可持续发展峰会，正式通过一项目标远大的可持续发展新议程。该新议程称作"变革我们的世界：2030年可持续发展议程"，包括1项宣言、17个可持续发展目标和169个具体目标。新议程旨在寻找新的方式改善全世界人民的生活、消除贫困、促进所有人的健康与福祉、保护环境以及应对气候变化
	2015年的巴黎气候变化大会（又称缔约方会议第21届会议）上，各国领导人签署了《巴黎协定》，该文件得到了187个缔约方的批准
2020年	"行动十年"正式开启，旨在到2030年实现可持续发展目标
	《2020年可持续发展目标报告》发布
2021年	联合国秘书长安东尼奥·古特雷斯召开粮食系统峰会。峰会目的是让世界省悟到所有人都必须共同努力，改变世界对粮食的生产、消费和思维方式，以推进实现所有17个可持续发展目标，建设更健康、更可持续和更公平的粮食系统
2022年	6月2—3日，在瑞典斯德哥尔摩举行了"斯德哥尔摩+50"会议。这次高级别会议以"行动十年"为基础，以"斯德哥尔摩+50：一个健康的地球有利于各方实现兴旺发达——我们的责任和机遇"为主题。纪念1972年联合国人类环境会议，并庆祝全球环保行动兴起50周年
2023年	9月18—19日在纽约总部召开可持续发展目标峰会。随着《2030年可持续发展议程》已过半程，世界各国领导人将全面对17项可持续发展目标的状况进行全面审查，就世界面临的多重且相互交织的危机所带来的影响作出回应，并就迈向2030目标年的转型和加速行动提供高级别政治指导

1.1.6 可持续发展的概念

可持续发展是 20 世纪 80 年代提出的一个新概念,在国际文件中最早出现于 1980 年由国际自然保护同盟制定的《世界自然保护大纲》,其概念最初源于生态学,指的是对资源的一种管理战略。其后被广泛应用于经济学和社会学范畴,并加入了一些新的内涵。

1987 年,世界环境与发展委员会在《我们共同的未来》报告中第一次阐述了可持续发展的概念,得到了国际社会的广泛共识。

可持续发展是既满足当代人的要求,又不对后代人满足其需求的能力构成危害的发展。换句话说,就是指经济、社会、资源和环境保护协调发展,这是一个密不可分的系统,既要达到发展经济的目的,又要保护好人类赖以生存的大气、淡水、海洋、土地和森林等自然资源和环境,使子孙后代能够永续发展和安居乐业。即"决不能吃祖宗饭,断子孙路"。

另外,不同机构和学者对可持续发展也有不同的定义,如世界自然保护联盟、联合国环境规划署和世界野生生物基金会在 1991 年共同发布的《保护地球——可持续性生存战略》一书中给出的可持续发展定义是:"在生存不超出维持生态系统承受能力的情况下,改善人类的生活质量。"世界银行在 1992 年度《世界发展报告》中提出的可持续发展的概念是:"建立在成本效益比较和审慎的解决分析基础上的发展和环境政策,加强环境保护,从而促进福利的增加和可持续水平的提高。"

总之,可持续发展与环境保护既有联系,又不等同。环境保护是可持续发展的重要方面。可持续发展的核心是发展,但要求在严格控制人口、提高人口素质、保护环境和资源永续利用的前提下促进经济和社会的发展。

1.1.7 可持续发展的基本原则

可持续发展的原则包括公平性原则、可持续性原则、和谐性原则、需求性原则、高效性原则和阶跃性原则。

1. 公平性原则

公平性是指机会选择的平等性。这里的公平具有两方面的含义:一方面是指代际公平性,即世代之间的纵向公平性,即当代人的发展不应当损害下一代人的利益;另一方面是指同代人之间的横向公平性,即同一代人中一部分人的发展不应当损害另一部分人的利益。可持续发展不仅要实现当代人之间的公平,而且也要实现当代人与未来各代人之间的公平。这是可持续发展与传统发展模式的根本区别之一。

公平性在传统发展模式中没有受到足够重视。从伦理上讲,未来各代人应与当代人有同样的权力来提出他们对资源与环境的需求。可持续发展要求当代人在考虑自己的需求与消费的同时,也要对未来各代人的需求与消费负起历史的责任,因为同后代人相比,当代人在资源开发和利用方面处于一种无竞争的主宰地位。各代人之间的公平要求任何一代都不能处于支配的地位,即各代人都应有同样选择机会的空间。

2. 可持续性原则

这里的可持续性是指生态系统受到某种干扰时能保持其生产率的能力。可持续性原则的核心是指人类自身的繁衍、经济建设和社会发展不能超越自然资源与生态环境的承载能力，资源的永续利用和生态系统的可持续性是保证人类发展的首要条件。资源环境是人类生存与发展的基础和条件，离开了资源环境，人类的生存与发展就无从谈起。可持续发展要求人们根据可持续性的条件调整自己的生活方式，在生态可能的范围内确定自己的消耗标准。可持续发展的可持续性原则从某一个侧面反映了可持续发展的公平性原则。

3. 和谐性原则

可持续发展不仅强调公平性，同时也要求具有和谐性，正如《我们共同的未来》报告中所指出的："从广义上说，可持续发展的战略就是要促进人类之间及人类与自然之间的和谐。"如果每个人在考虑和安排自己的行动时，都能考虑到这一行动对其他人（包括后代人）及生态环境的影响，并能真诚地按和谐性原则行事，那么人类与自然之间就能保持一种互惠共生的关系，也只有这样，可持续发展才能实现。

4. 需求性原则

传统发展模式以传统经济学为支柱，追求的目标是经济的增长，传统发展模式忽视了资源的有限性，立足于市场而发展生产。这种发展模式不仅使世界资源环境承受着前所未有的压力而不断恶化，而且人类所需要的一些基本物质仍然不能得到满足。而可持续发展则坚持公平性和长期的可持续性，立足于人的需求而发展人，强调人的需求而不是市场商品。可持续发展是要满足所有人的基本需求，向所有的人提供实现美好生活愿望的机会。

人类需求是由社会和文化条件所确定的，是主观因素和客观因素相互作用、共同决定的结果，与人的价值观和动机有关。首先，人类需求是一种系统（这里称之为人类需求系统），这一系统是人类的各种需求相互联系、相互作用而形成的一个统一整体。其次，人类需求是一个动态变化过程，在不同的时期和不同的文化阶段，旧的需求系统将不断地被新的需求系统所代替。

5. 高效性原则

可持续发展的公平性原则、可持续性原则、和谐性原则和需求性原则实际上已经隐含了高效性原则。事实上，前四项原则已经构成了可持续发展高效的基础。不同于传统经济学，这里的高效性不仅是根据其经济生产率来衡量，更重要的是根据人们的基本需求得到满足的程度来衡量，是人类整体发展综合和总体的高效。

6. 阶跃性原则

可持续发展是以满足当代人和未来各代人的需求为目标，而随着时间的推移和社会的不断发展，人类的需求内容和层次将不断增加和提高，所以，可持续发展本身隐含着不断地从较低层次向较高层次的阶跃性过程。

1.1.8 可持续发展的主要内容

可持续发展是一个既涉及经济建设和环境保护，又涉及自然科学和社会科学的综合概念，包含了资源的可持续利用、环境保护、清洁生产、可持续消费、公众参与和科学技术进步等领域。现重点介绍前面5个方面的有关内容。

1. 资源的可持续利用

资源的可持续利用主要是指自然资源利用的可持续性，它是可持续发展的物质基础。因此，可持续发展的关键就是要合理开发和利用资源，使可更新资源保持更新能力，不可更新资源不致过度消耗并得到替代资源的补充，使环境的自净能力得以维持，以最低的环境成本确保自然资源的可持续利用。

资源的持续性要求人类在利用资源时关注下列问题：

① 再生资源的利用不应超过资源的再生能力。

② 单一的再生资源在生态上的持续性利用所引起的生态系统的不可持续性，应予以调整，以使得整个生态系统的进化过程具有生态可持续性。

③ 人类已经导致某些特定再生资源的利用暂时超过了它们的再生能力，要采取行动保护资源使其可持续利用，对已经不能持续利用的部分必须及时地补充再生资源的替代物，或至少要用其所产生的效益进行资源补偿。

④ 利用处在灭绝或不可持续开发危险之中的特殊再生资源，如野生动植物等，应遵守自然、道德和精神的原则，同时应提供可供选择的方案，使它们恢复正常的再生能力。

⑤ 非再生资源的利用不应超越其替代物产生的速率。

2. 环境保护

可持续发展是经济社会发展的一项新战略，它与传统的以"高投入、高消耗、高污染"为特点的经济增长模式不同，也不主张那种停止发展的"零增长"模式。1989年5月举行的联合国环境规划署第15届理事会，通过了《关于可持续发展的声明》，指出"可持续发展意味着维护、合理利用并提高自然资源基础，意味着在发展计划和政策中纳入对环境的关注和考虑"。因此可以看出，生态环境持续良好是可持续发展追求的主要目标之一。人们已经认识到，在传统的国民生产总值（GNP）的核算中，并未将由于经济增长对自然资源和环境状况造成的损害情况考虑在内。环境影响通常没有相应的市场表现形式，但按照可持续发展的观点，应该将所发生的任何环境损失都进行价值评估并从 GNP 中扣除。

3. 清洁生产

人们在审视工业发展过程和环境保护历程后逐步发现，依靠单纯的污染控制技术的末端治理，虽然从局部改善了大气和水环境质量，但原有的环境问题并没有得到彻底解决，又出现了新的环境问题，全球环境质量仍趋于恶化。只有关心产品和生产过程对环境的影响，依靠改进生产工艺和加强管理来消除污染才更有效，于是清洁生产应运而生。

1989年，联合国环境规划署首次提出了清洁生产，并定义为："清洁生产是指将综合预防的环境策略持续地应用于生产过程和产品之中，以便减少对人类和环境的风险性。对生产过程而言，清洁生产包括节约原材料和能源、淘汰有毒原材料，并在全部排放物和废物离开生产过程以前减少其数量和毒性。对产品而言，清洁生产旨在减少产品在生命周期（包括从原料提炼到产品用后的最终处置）中对人和环境的影响。清洁生产通过应用专业技术、改进工艺流程和改善管理来实现。"

清洁生产的内容包括清洁能源、清洁生产过程和清洁产品 3 个方面，采用全过程控制和"综合防治战略"，通过应用专业技术、改进工艺流程和改善管理来实现其目标。即使用清洁的原料和能源、清洁的工艺设备、无污染或少污染的生产方式、科学与严格的管理，达到保护人类与环境、提高经济效益的目的。

4. 可持续消费

1992 年 6 月，在巴西里约热内卢召开的联合国环境与发展大会上，183 个国家共同制定了一项关于可持续发展的全球行动计划——《21 世纪议程》。《21 世纪议程》对可持续消费提出了明确的观点和主张，即"不可持续的生产方式和消费方式是造成全球环境问题的主要原因"，"可持续消费是一种通过选择不危害环境又不损害未来各代人的产品与服务来满足人们的生活需要的一种理性消费方式，它是一种服从于全球可持续发展目标的消费方式"。

1994 年，联合国环境规划署于内罗毕发表的《可持续消费的政策因素》中提出了可持续消费的定义，即"提供服务以及相关的产品以满足人类的基本需求，提高生活质量，同时使自然资源的有毒材料的使用量最少，服务或产品的生命周期中所产生的废物和污染物最少，从而不危及后代的需求"。

1994 年，联合国在挪威奥斯陆召开的"可持续消费专题研讨会"上重申可持续消费的定义，并指出："对于可持续消费，不能孤立地理解和对待，它连接从原料提取、预处理、制造、产品生命周期、影响产品购买、使用和最终处置诸因素等整个连续环节中的所有组成部分，而其中每一个环节对环境影响又是多方面的。"

1994 年，中国政府在全球率先发布了第一个国家级可持续发展行动纲领——《中国 21 世纪议程》，该议程明确指出："消费模式的变化同人口的增长一样，在社会经济持续发展的过程中有着重要的作用。合理的消费模式和适度的消费规模不仅有利于经济的持续增长，同时还会减缓由于人口增长带来的种种压力，使人们赖以生存的环境得到保护和改善。越来越多的事实表明，人口的迅速增长加上不可持续的消费形态，对有限的能源、资源已构成巨大压力，尤其是低效、高耗的生产量和不合理的生活消费极大地破坏了生态环境，由此危及人类自身生存条件的改善和生活水平的提高。"

1995 年，在奥斯陆召开的"可持续生产和消费部长级圆桌会议"的工作文件指出："'可持续消费'一词包罗万象，它把许多关键问题组合在一起，包括满足需求、提高生活质量、增加资源效率、废物最小化、生命周期观点以及公平。将这些组成部分整合在一起，是一个如何提供相同或更好的服务，以满足当代和后代人类的基本生活需求和提高生活质量的愿望的中心问题。"

可持续消费还有广义和狭义之分。广义的可持续消费包括可持续的自然资源消费（如水、土地、森林、矿藏等）、可持续的生产资料消费（主要指劳动资料和经过加工的劳动对象的消费）、可持续的商品消费（主要指衣、食、住、行等生活资料的消费）和可持续的劳务消费（如旅游、文化、保健等服务性消费）4 个方面。狭义的可持续消费主要指可持续的商品消费和劳务消费，并在一定范围内涉及自然资源消费。这里所指的可持续消费是指狭义的可持续消费。可持续消费也称绿色消费。

可持续消费的原则是公平和公正。传统意义上的消费通常被看作是一种由个人或家庭独立做出决策的、不可控制且没有必要控制的行为，所以也很少考虑个体的消费行为对后代及同一代人的影响。而可持续消费首先把消费看作是一项相互联系的社会活动，因而，必须遵循社会活动的基本原则——代际公平和代内公正。

可持续消费是消耗资源和产生废弃物最少的消费。在传统的消费模式中，人类将自然资源转化为产品以满足自身的需求，而用过的物品被当作废物抛弃。随着科技的发展和社会的进步，人们的消费量日渐增多，废物越来越多，而自然资源却越来越少，从而造成了资源的过度消耗和环境的退化。可持续消费是一种崭新的消费模式，它既实现了资源的最优耗竭和永续利用，也实现了废弃物的最少排放和对环境的最少污染。

可持续消费的首要和最终目标是提高人类的生活质量。《关于环境与发展的里约热内卢宣言》指出，人类"应享有以与自然相和谐的方式过健康而富有生产成果的生活的权利"，要"缩短世界上大多数人生活水平上的差距，更好地满足他们的需要"。这说明，可持续发展就是要提高人类的生活质量，要让人类生活得更好。今天所说的生活质量是在超越了人类生理需求之上的、促进人类身心全面发展的、人类与大自然之间、人类相互之间和人类代际之间都能和谐相处、均衡协调的生活质量。生活质量的提高尽管在不同时代、不同国家有不同的标准，但要真正提高全人类的生活质量，只有实现了可持续消费才能办到，可以说，可持续消费是提高生活质量的唯一途径。

5. 公众参与

1996年，联合国召开的可持续发展委员会第四次会议提出了可持续发展的目标："促使价值观、行为和生活方式发生必要的变革，以实施可持续发展并最终实现民主、人类安全及和平；传播形成可持续生产与消费模式和改善对自然资源及工业生产的管理所必需的认识、技术诀窍和技能；确保拥有愿意支持各个部门为实现可持续性而进行改革的见多识广的公众。"可见，公众参与是可持续发展的重要内容之一。让公众接受并宣传可持续发展的思想，参加可持续发展战略的实施，其主要手段有教育、培训、参与和宣传几个方面。

（1）教育。

教育包括对少年儿童的学龄前教育，小、中学的基础教育和高等教育。

（2）培训。

培训是指对已经完成基础教育和学历教育的人，在可持续发展方面的再教育。改变生产和消费模式，开发和转让有益于环境的技术，努力消除贫困和增加就业机会，改革正规的和非正规的教育，所有这些以及其他有关可持续发展的变革都要求进行大量的培训。

（3）参与。

参与是指公众直接参与宣传保护环境和可持续发展方面的活动。通过公众积极参加实施可持续发展战略的有关行动或有关项目和活动，改变人们的思想，建立可持续发展的世界观，进而用符合可持续发展的方法去改变自己的行为方式。

（4）宣传。

通过电视、报刊、广播等传播媒体，宣传、推广可持续发展的思想和意识。通过宣传帮助公众增长知识、提高认识、改变思想观念和行为方式；也可以对青少年从小培养可持续发展的意识，建立可持续发展的道德观、价值观和行为方式。

1.2 绿色设计产生的直接背景

绿色设计（Green Design，GD）是20世纪80年代末出现的一股国际设计潮流。绿色设计反映了人们对于现代科技文化所引起的环境及生态破坏的反思，同时也体现了设计师道德和社会责任心的回归。

在漫长的人类设计史中，工业设计在为人类创造了现代生活方式和生活环境的同时，也加速了资源、能源的消耗，并对地球的生态平衡造成了极大的破坏。特别是工业设计的过度商业化，使设计成了鼓励人们无节制地消费的重要介质。例如，20世纪50年代商业性设计曾风靡美国，其核心是"有计划的商业废止制"，即通过人为的方式使产品在短时间内失效，从而迫使消费者不断地购买新产品。商业性设计不仅是对消费者的不负责任，更造成了社会资源的极大浪费。正是在这种背景下，设计师们不得不重新思考工业设计师的职责和作用，绿色设计也就应运而生。

从历史可以看出，对于绿色设计产生直接影响的是美国设计理论家维克多·巴巴纳克（Victor Papanek）。早在20世纪60年代末，他就出版了一本引起极大争议的专著《为真实世界而设计》（*Design for the Real World*）。该书专注于设计师面临的人类需求的最紧迫的问题，强调设计师的社会及伦理价值。他认为，设计的最大作用并不是创造商业价值，也不是包装和风格方面的竞争，而是一种适当的社会变革过程中的元素。他同时强调设计应该认真考虑有限的地球资源的使用问题，并为保护地球的环境服务。对于他的观点，当时能理解的人并不多。20世纪70年代"能源危机"爆发后，他的"有限资源论"才得到人们普遍的认可，绿色设计也得到了越来越多的人的关注和认同。绿色设计产生的背景可以归纳如下。

1.2.1 绿色设计是可持续发展的必然选择

可持续发展是既满足当代人的需求，又不危害后代人满足其需求的发展。可持续发展的基本思想有两点：一是强调把发展放在优先考虑的地位；二是必须以保护环境为重要内容，以实现资源、环境的承载能力与社会经济发展相协调。

绿色设计无疑是可持续发展观念在设计科学中的合理延伸，它将可持续发展思想融入产品设计、包装设计、室内设计和纺织品设计等设计领域中。绿色设计保证在设计和生产的各个环节都以节约能源资源为目标，减少废弃物产生，以保护环境、维持生态平衡。这与可持续发展认为经济发展要考虑生态环境的长期承载能力的观点不谋而合。

通过绿色设计可以达到可持续发展的需要，所以绿色设计是人类可持续发展的必然选择。

1.2.2 绿色设计是可持续消费（绿色消费）的要求

可持续消费（绿色消费）是随着可持续发展命题的提出而产生的。与传统的消费范畴相比较，可持续消费强调了消费的"可持续性原则"，表明了社会经过努力需要实现的目标。可持续消费可以促使人们生活方式的变革，从而向现今存在的高消费、高耗费、高浪费、高污染的不可持续发展模式告别。

可持续消费是一种新的消费模式，它体现了公平与公正的原则，即追求生活质量的权利对于当代全球的每一个人，对于当代与后代的每一个人应该同等地享有。任何人都不应由于自身的消费而危及他人的消费，当代人不应由于本代人的消费而危及后代的生存与消费。可持续消费就是要摒弃非持续消费的行为，实现公平与公正的原则。这就是，在同代人之间，可以允许消费水平和消费方式的差异，但是，一部分人的生存和消费权利的实现不应以损害另一部分人的利益为代价。可持续消费要求把消费建立在人与自然、人与社会、人与人之间和谐统一的基础上，提倡合理消费、文明消费，要有兼顾他人的观念，反对有损别人利益的不合理、不文明、不公正的消费。当代人负有保护资源、环境的不可推卸的责任。当代人的消费不能以牺牲后代人的消费需求能力为代价，而且要保证后代人的需求是在现有基础上不断地由简单稳定向复杂多变发展，由低层次向高层次演进，使后代人的消费水准和生活质量随着社会经济的发展而相应提高。

可持续消费既是指在消费环节上对资源的最优耗竭和永续利用，也包括用可持续消费的理念来促成生产环节实施可持续消费行为，实现生产环节中对资源的最优耗竭和永续利用。可持续消费还要实现废弃物的最少排放和对环境的最少污染。这里包括两层含义：一是人类在消费过程中所产生的废弃物和对环境的污染要控制在环境容量所允许的范围内；二是在生产这些产品和服务的过程中产生的废弃物和对环境的污染不能超过环境容量的极限。可持续消费要求人们不仅对有大量废弃物和污染严重的消费品和服务予以摒弃，而且要对有大量废弃物排放和严重环境污染的企业加以排斥。消费者必须选择那些对环境污染影响很小乃至无害化的产品、服务和消费方式。

综上所述，可持续消费是指人们进行消费时，不仅关心产品的功能、寿命、款式和价值，而且更关心产品的环境性能。随着环境意识的增强，人们开始宁愿多付钱购买绿色产品，而且人们的消费观念也变成在求得舒适的基础上，大量节约资源和能源。据20世纪90年代初国外的调查，发达国家75%以上的消费者在购物时会考虑消费品的环境标准；英国对2 450个样本的调查发现，90%的人将环境问题与消费联系起来考虑，并愿意为因产品环境标准的提高而支付额外的费用。消费者环境意识的提高，使消费需求发生重大改变。例如，1990年美国仅绿色家用产品的销售就达250亿美元，从而使企业生产和销售的产品也随之向绿色产品转变。

在可持续消费的潮流面前，环境标准就成为塑造消费行为和生活方式的重要因素。所以，产品设计人员更应该关注如何将产品设计与环境保护融为一体，使产品在设计、制造、使用、维修及回收等各个环节都满足环境要求，并最终得到绿色产品。

1.2.3 绿色设计是我国消除新贸易壁垒的最有效途径

1. 新贸易壁垒

新贸易壁垒是相对于传统贸易壁垒而言的，是指以技术壁垒为核心的包括绿色壁垒和社会壁垒在内的所有阻碍国际商品自由流动的新型非关税壁垒。传统贸易壁垒指的是关税壁垒和传统的非关税壁垒，如高关税、配额、许可证、反倾销和反补贴等。区别传统贸易壁垒与新贸易壁垒的根本特征是：前者主要是从商品数量和价格上实行限制，更多地体现在商品和商业利益上，所采取的措施也大多是边境措施；而后者则往往着眼于商品数量和价格等商业利益以外的东西，更多地考虑商品对于人类健康、安全以及环境的影响，体现的是社会利益和环境利益，采取的措施不仅是边境措施，还涉及国内政策和法规。

新贸易壁垒有如下特点。

（1）双重性。

新贸易壁垒往往以保护人类生命、健康和保护生态环境为理由，其中有合理成分。另一方面，新贸易壁垒又往往以保护消费者、劳工和环境为名，行贸易保护之实，从而对某些国家的产品进行有意刁难或歧视，这又是它不合法和不合理的一面。这些负面的东西有时会混淆是非，给国际贸易带来不必要的障碍。

（2）隐蔽性。

新贸易壁垒由于种类繁多，涉及的多是产品标准和产品以外的东西，这些纷繁复杂的措施不断改变，让人防不胜防。

（3）复杂性。

新贸易壁垒涉及的多是技术法规、标准及国内政策法规，它比传统贸易壁垒中的关税、许可证和配额复杂得多，涉及的商品非常广泛，评定程序更加复杂。

（4）争议性。

新贸易壁垒介于合理和不合理之间，又非常隐蔽和复杂，不同国家和地区之间很难达成一致的标准，容易引起争议，并且不易进行协调，以致成为国际贸易争端的主要内容，于是传统商品贸易大战将被新贸易壁垒大战所取代。

新贸易壁垒的主要种类有技术性贸易壁垒、绿色贸易壁垒、社会壁垒、服务贸易壁垒、知识产权保护、卫生与植物卫生措施、通关环节壁垒、贸易救济措施、出口限制措施、政府采购和其他壁垒。

2. 影响我国对外贸易的主要壁垒

（1）技术性贸易壁垒。

在形形色色的新贸易壁垒中，技术性贸易壁垒（简称技术壁垒）的门槛正在日益提高，并在逐渐成为未来我国对外贸易发展的最大障碍，其所带来的成本和风险损失呈逐年递增之势。技术性贸易壁垒主要是指一国以维护国家安全或保护人类健康和安全、保护动植物的生命和健康、保护生态环境或防止欺诈行为、保证产品质量为由，制定的一些强制性和非强制性的技术法规、标准以及检验商品的合格性评定程序所形成的贸易障碍，即通过颁布法律、法令、条例、规定，建立技术标准、认证制度、检验检疫制度等方式，对外国进口商品制定苛刻烦琐的技术、卫生检疫、商品包装和标签等标准，从而提高进口产品要求，增加进口难度，最终达到限制进口的目的。主要包括：技术标准与法规，合格评定程序，包装和标签要求及产品检疫、检验制度。

加入世界贸易组织（World Trade Organization，WTO）后，我国出口受国外技术性贸易壁垒的限制更加严重。据商务部调查显示，受技术性贸易壁垒影响，2004年，中国有71%的出口企业、39%的出口产品遭遇到国外技术性贸易壁垒的限制，造成损失约170亿美元，对行业、涉及企业和出口额度的影响均高于前几年。欧盟和美国、日本、韩国等国的技术壁垒对我国出口企业造成的损失最明显，占总损失的95%。其中，欧盟所占份额最大，为40%；美国和日本分别占27%和25%。

当前中国外贸出口面临更加严峻的外部环境。特别需要引起重视的是，进口国以提高检疫标准、增加检测项目为手段，用技术性贸易壁垒限制中国产品出口、保护本国产业的趋势越来越明显。

例如，从2005年8月13日起，欧盟25国开始正式实施《报废电子电气设备指令》（简称WEEE指令）。尽管部分成员国未能赶在8月13日推行此指令，但欧洲委员会已令英国、爱沙尼亚、芬兰、法国、意大利、马耳他及波兰这8个成员国立即全面采纳WEEE指令，不得拖延。这令我国机电业出口的门槛和成本均大大提高，国内的中小企业可能会因此而退出欧洲市场。WEEE指令规定，从2005年8月13日起，欧盟市场上流通的电气电子设备的生产商（包括其进口商和经销商）必须在法律意义上承担支付自己报废产品回收费用的责任。从已实施《报废电子电气设备指令》国家制定的收费标准看，冰箱的最高回收费用为20欧元/件、洗衣机和空调的回收费用为10欧元/件、微波炉的回收费用为5欧元/件、其他小家电的回收费用为1欧元/件，这将导致家电出口价格整体上涨10%左右。

应当承认，这些国家提出的技术要求是基本合理的，没有违背《世界贸易组织贸易技术壁垒协议》（TBT），因此难以启动争端解决机制。应当指出的是，我国的所有出口产品都应以满足国际标准或进口国标准为前提。我国受TBT限制的出口产品之所以会受到限制，一个重要的原因是我国技术标准不符合国际标准或国外先进标准。因此，从根本上解决这些问题还是要提高我国企业的技术标准水平和企业产品的竞争力。

（2）绿色贸易壁垒。

绿色贸易壁垒是指以保护人类和动植物的生命、健康或安全，保护生态或环境为由而采取的直接或间接限制甚至禁止贸易的法律、法规、政策与措施。主要通过设置非常苛刻的强制性环境保护和卫生检疫标准来歧视外国商品并限制其进口，具体表现为环境技术标准、绿色包装制度、卫生检疫制度、国际和区域性的环保公约、国别法规和标准、ISO 14000环境管理体系和环境标志等形式。以保护环境为目的的绿色贸易壁垒从总体上来说是合理的，符合国际环境保护浪潮，但它仅仅从环境保护的角度出发，没有或很少考虑对贸易的影响，没有很好地协调贸易与环境的关系。据统计，2003年我国因绿色贸易壁垒出口受阻的产品总值达500多亿美元。

① 环境技术标准：以保护环境为目的，通过立法手段，制定严格的强制性技术标准，例如在水资源、空气、噪声、电磁波、废弃物等污染防治，化学品和农药管理，自然资源和动植物保护等方面制定了多项法律法规，涉及许多产品的环境标准，限制国外商品进口。由于发达国家的科技水平较高，处于技术垄断地位，这些标准均根据发达国家的生产和技术水平制定，对很多发展中国家来说，是很难达到的。

例如1994年，美国环保署规定，在美国9大城市出售的汽油中硫、苯等有害物质的含量必须低于一定标准，对此，美国国产汽油可逐步达到这一标准，但进口汽油必须在1995年1月1日生效时达到，否则禁止进口。美国为保护汽车工业，出台了《防污染法》，要求所有进口汽车必须装有防污染装置，并制定了近乎苛刻的技术标准。上述内外有别、明显带有歧视性的规定引起了其他国家，尤其是发展中国家的强烈反对。

② 多边环境协议：目前，国际上已签订的多边环境协议有150多个，其中近20个含有贸易条款，如《濒危野生动植物物种国际贸易公约》《保护臭氧层维也纳公约》《关于消耗臭氧层物质的蒙特利尔议定书》及其修正案、《控制危险废物越境转移及其处置巴塞尔公约》《生物多样化公约》《联合国气候变化框架公约》《生物安全协定书》等。特别是保护臭氧层的有关国际公约，将禁止受控物质及相关产品的国际贸易。这些受控物质大部分是基础化工原料，如制冷剂、烷烯炔化工产品，用途广泛，因此影响面非常大。随着多边环境协议执行力度的增强，其对贸易的影响也将越来越大。

③ 环境标志：环境标志是一种印刷或粘贴在产品或其包装上的图形标志，它表明该产品不但质量符合标准，而且在生产、使用、消费及处理过程中符合环保要求，对生态环境和人类健康均无损害。1977年，德国率先推出蓝色天使标志，随后发达国家纷纷仿效，加拿大有环境选择标志，日本有生态标志等。美国于1988年开始实行环境标志制度，有36个州联合立法，在塑料制品、包装袋、容器上使用绿色标志，甚至还率先使用再生标志，说明它可重复回收、再生使用。欧共体于1993年7月正式推出欧洲环境标志，凡有此标志者，可在欧共体成员国自由通行，各国可自由申请。

④ 环境管理体系标准：国际标准化组织为推动可持续发展，1993年1月成立了专门制定环境管理国际标准的技术委员会ISO/TC207/SC5。ISO中央秘书处为TC207预留了100个系列标准号，通称ISO 14000系列标准。环境管理体系国际标准（ISO 14000）是第一套全面地适用于进行审核的环境管理体系标准。

ISO 14000系列标准是企业建立环境管理体系以及审核认证的最根本的准则，是一系列随后标准的基础，该标准得到世界各国政府、企业界的普遍重视和积极响应。ISO 14000系列标准要求实施从产品开发设计、加工制造、配送、使用、报废处理到再生利用的全过程的产品生命评定制度，以对这一过程的每一个环节活动进行资源分析和环境影响评价。

例如，国际上的采购商在达成国际贸易订单时，既要求有ISO 9000质量证书，还要求有ISO 14000环保证书，以标明产品既有高质量又符合国际环保要求。不言而喻，没有通过ISO 14000认证企业的产品将在市场竞争中处于劣势地位。

（3）社会壁垒。

社会壁垒是指以劳动者劳动环境和生存权利为借口采取的贸易保护措施。社会壁垒由社会条款而来，社会条款并不是一个单独的法律文件，而是对国际公约中有关社会保障、劳动者待遇、劳工权利、劳动标准等方面规定的总称，它与公民权利和政治权利相辅相成。国际上对此关注由来已久，相关的国际公约有100多个，包括《男女同工同酬公约》《儿童权利公约》《经济、社会与文化权利国际公约》等。国际劳工组织（International Labour Organization，ILO）制定的上百个国际公约，也详尽地规定了劳动者权利和劳动标准问题。例如，1993年以后，《北美自由贸易区协议》和《欧洲自由贸易区协议》规定，只有采用同一劳动安全卫生标准的国家与地区才能参与贸易区的国际贸易活动。

目前，在社会壁垒方面颇为引人注目的标准是SA 8000社会责任标准。SA 8000社会责任标准产生的背景是20世纪末开始在西方国家企业中流行的企业社会责任运动，这一运动的宗旨是企业在经营过程中要与其合作伙伴一起承担保护环境和劳工权利的责任，以促进环境与社会的协调发展。该标准是从ISO 9000系统演绎而来的，用以规范企业员工的职业健康管理。欧美地区的采购商对SA 8000社会责任标准已相当熟悉。目前全球大的采购集团非常青睐有SA 8000认证企业的产品，这迫使很多企业投入巨大人力、物力和财力去申请与维护这一认证标准体系，这无疑会大大增加成本。特别是发展中国家，劳工成本是其最大的比较优势，社会壁垒将大大削弱发展中国家在劳动力成本方面的比较优势。

3. 绿色设计与新型贸易壁垒

随着新型贸易壁垒的出现和发展，贸易壁垒正在发生结构性变化。新型贸易壁垒将长期存在并不断发展下去，而且种类越来越多、壁垒越来越高，并将逐渐取代传统贸易壁垒成为国际贸易壁垒中的主体。

新型贸易壁垒的突破点在于提高技术水平、提高工资水平（劳动力的价格）和提高国际经济地位。依据我国目前的状况，提高设计水平和技术水平可以真正解决技术贸易壁垒、绿色贸易壁垒、电子垃圾壁垒；提高工资水平可以真正解决反倾销壁垒、劳工标准壁垒；提高我国的国际地位可以真正解决我国的市场经济地位、特别保障壁垒。

从长远的角度来看，这些新型贸易壁垒的标准将得到国际社会的认可并成为国际贸易领域的通行标准，这是一个必然的发展方向。对于我国企业来说，不是要不要遵守的问题，而是快慢的问题。必须认识到，这些标准是外在市场竞争所强制要求的，也是我国企业改革、经济发展战略实施的内在要求。

根据新型贸易壁垒的发展趋势和我国的国情，我国要想成为名副其实的经济大国和强国，所要选择的对策应是长期性的突破战略，而不是短期性的躲避战略。因此，我国应该探索新的经济发展模式。

我国由于长期忽视绿色产业的发展，盲目开放出口产品，放松对产品安全和防污染标准的监督检验工作，没有形成无公害的管理体系，造成我国的产品在生产和使用中对环境的破坏很大，因此绿色贸易壁垒对我国的产品出口影响巨大。例如，美国认为我国陶瓷产品中对人体有害的重金属铅严重超标，致使我国的陶瓷产品在美国市场中的份额大大下降，仅占同期日本同类产品的10%；欧共体规定进口纺织品禁用的118种染料中就有104种正在被我国印染厂家所使用。

因此如何在争取更大的贸易自由与为防止不断加剧的环境恶化而采取的

限制性法规和措施这两者之间寻求平衡,以及如何打破绿色贸易壁垒,已成为各国政府、企业界和学术界研究的热点。

随着环保问题的全球化和市场的全球化,环保和国际贸易的关系日益密切。现在我国许多企业已逐步认识到,商业上长期稳定的利润在一定程度上将取决于企业的环保行为。所以,我国企业更应通过绿色设计,提高产品设计水平和科技含量,尽快达到国际环境标准,冲破绿色贸易壁垒等新贸易壁垒,以取得良好的经济效益。

思考与练习题

1. 简述环境的概念。
2. 当前人类面临哪些环境问题?这些问题与绿色设计有怎样的联系?
3. 可持续发展的概念、基本原则和主要内容是什么?
4. 什么是绿色消费?
5. 怎样理解绿色设计产生的背景?
6. 绿色贸易壁垒与绿色设计的关系是怎样的?

第 2 章 绿色设计基础

2.1 产品生命周期和环境影响

2.1.1 产品全生命周期模型

关于产品全生命周期没有一个明确的定义,一般来说,它包括了产品从加工到报废的全过程,即"从出生到死亡"的过程,或"从摇篮到坟墓"的过程。不同的研究人员从自己的研究领域、研究重点以及不同的视角定义了不同的产品全生命周期模型。图 2-1~图 2-3 所示分别为产品全生命周期的四阶段模型、五阶段模型和六阶段模型。

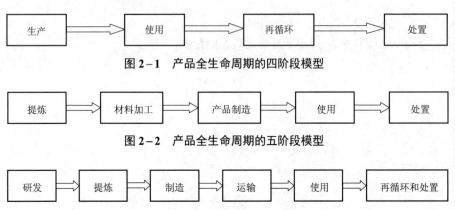

图 2-1　产品全生命周期的四阶段模型

图 2-2　产品全生命周期的五阶段模型

图 2-3　产品全生命周期的六阶段模型

四阶段模型把重点放在了再循环上。五阶段模型是以加工和制造业为中心的模型。六阶段模型在以加工和制造业为中心的同时,把研究和开发作为一个重要的阶段引入到生命周期中来,强调了设计的重要性,把运输作为一个独立的阶段,并对再循环给予了一定的重视和地位。实际上这些阶段都是产品生命周期的重要组成部分,只是重点不同。其他的产品全生命周期模型与这几个模型基本类似。系统是由物质、能量和信息 3 个要素组成的,因此从系统论的观点出发,这些模型都是从物流角度定义的,没有明确表示出能量流和信息流,更没有表示出掌握和使用 3 个要素的群体和人,群体有政府、组织、企业、事业单位,人员有决策者、管理人员、设计人员、消费者和回收人员等。

2.1.2 产品环境影响的一般模型

对产品在全生命周期各个阶段上的环境影响,从下面这个关于铅笔的例子中可以有初步的了解。表 2-1 列出了铅笔的环境影响,在其生命周期中,每一个过程都对环境有危害。产品环境影响的一般模型如图 2-4 所示。

下面依据产品环境影响的一般模型,以一个典型的工业产品——汽车为例,来分析它对环境的影响和破坏,如表 2-2 所示。生产一辆轿车的消耗和排放如表 2-3 所示。

表 2-1 铅笔的环境影响

项目	大气排放	水体污染	粉尘污染	噪声污染	固体废物	有毒废物
木材	+	+	+	+	+	
油漆	+	++		+		++
石墨	+	++		+	+	+
铅笔制造	+	+	+	+	+	+
包装	+	++	+	+	+	++
运输	+				+	
使用					+	
能量获取	++	+	++	+	++	+

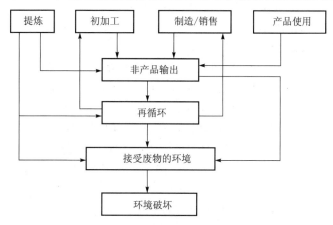

图 2-4 产品环境影响的一般模型

表 2-2 汽车对环境影响的分析

过程	分析
提炼	汽车使用的材料很多,如金属、塑料和橡胶等,这些材料要从矿石、石油中提炼出来
初加工	把原材料按产品性能要求制造成能直接加工和应用的材料,如镀锌板和棒料
制造	零件和部件的加工和总成
产品使用	汽车的使用和报废
非产品输出	不是期望的结果,如提炼时的排放和矿渣,初加工时的排放和废料,产品使用中的排放和报废的汽车。一辆自重 0.76 t 的轿车生产的消耗和排放如表 2-3 所示
再循环	用技术手段把非产品输出和提炼残留物的再利用称为再循环。可再循环利用的一部分作为初始材料的原料,如金属、塑料的熔炼;另一部分用技术手段,如再制造工程技术,重新制造成零件或产品。不可循环部分直接排放或倾倒于环境中
接受废物的环境	环境要接受来自提炼、初加工、制造、使用以及再循环时产生的各种排放和废物
环境破坏	环境具有一定的自清洁能力和调节能力,但是当它所接纳的废物超过某一阈值时,就会恶化,遭到破坏

表 2-3　生产一辆轿车的消耗和排放　　单位：t

原材料	能耗（标准煤）	固体废弃物	废气排放	水体排放污染物
2.2	7	6	10.9	8.6

我国汽车在城市行驶的平均速度是 20 km/h，发达国家是 50~60 km/h，而低速行驶的能耗最大，尾气排放最多。汽车是城市最直接、最难解决的污染源，我们每个人都在遭受汽车尾气和噪声对健康的损害。

2.2　绿色产品

2.2.1　绿色产品的含义

1. 绿色产品的定义

绿色产品（Green Product）或称为环境协调产品（Environment Conscious Product）、环境友好产品（Environment Friendly Product）、生态友好产品（Ecology Friendly Product）。20 世纪 70 年代，美国政府在起草的环境污染法规中首次提出绿色产品的概念。但直到现在，由于对产品"绿色程度"的描述和量化特征还不十分明确，因此，目前还没有公认的权威定义。以下定义从不同的角度对绿色产品进行了描述，有助于理解绿色产品的含义。

（1）绿色产品是指以环境和环境资源保护为核心概念而设计生产的，可以拆卸并分解的产品，其零部件经过翻新处理后，可以重新使用。

（2）美国《幸福》双周刊上一篇题为《为再生而制造产品》的文章认为：绿色产品是指将重点放在减少零部件，使原材料合理化和使零部件可以重新利用的产品。

（3）绿色产品是一件产品在其使用寿命完结时，其部件可以翻新和重新利用，或能安全地把这些零部件处理掉，这样的产品称为绿色产品。

（4）绿色产品可以归纳为从生产到使用，乃至回收的整个过程都符合特定的环境保护要求，对生态环境无害或危害极少，以及利用资源再生或回收循环再用的产品。

（5）绿色产品就是在其生命周期全程中，符合特定的环境保护要求，对生态环境无害或危害极少，资源利用率最高，能源消耗最低的产品。即绿色产品应有利于保护生态环境，不产生环境污染或使污染最小化，同时有利于节约资源和能源，且这一特点应贯穿于产品生命周期全程。

（6）有学者认为绿色产品应包含以下特性：对人和生态系统的危害最小化；产品的材料含量最小化；产品的回收率高；零部件的再制造利用率高；材料能进行的逐级循环率高；用户或消费者能接受并能够实现交换。因此将绿色产品定义为：绿色产品是在产品全生命周期中，满足绿色特性中的一个特性或几个特性，并且满足市场需要的产品。绿色特性包括对人和生态环境危害小、资源和材料利用率高、回收和再利用率高。

2. 绿色产品的内涵

由此可见，绿色产品具有丰富的内涵，其主要表现在以下几个方面。

（1）优良的环境友好性，即产品从生产到使用乃至废弃、回收、处理处置的各个环节都对环境无害或危害甚小。这就要求企业在生产过程中选用清洁的原料、清洁的工艺过程，生产出清洁的产品；用户在使用产品时不产生或很少产生环境污染，并且不对使用者造成危害；报废产品在回收处理过程中很少产生废弃物。

（2）最大限度地利用材料资源。绿色产品应尽量减少材料使用量，减少使用材料的种类，特别是稀有昂贵材料及有毒、有害材料。这就要求设计产品时，在满足产品基本功能的条件下，尽量简化产品结构，合理选用材料，并使产品中的零件材料能得到最大限度的再利用。

（3）最大限度地节约能源。绿色产品在其生命周期的各个环节所消耗的能源应最少。资源及能源的节约利用本身也是很好的环境保护手段。

3. 绿色产品的相对性

绿色产品的相对性是针对时间和空间而言的。

在时间上，新产品比旧产品的绿色特性优越，就可以称为绿色产品；10年前的绿色产品现在可能就不是了；同样，目前的绿色产品在若干时间后可能就不是绿色产品了。

在空间上，中国的绿色产品不一定是欧美的绿色产品。那么绿色产品如何确定和认证呢？

2.2.2 我国的绿色产品认证制度

自2015年起，我国就开始积极推动绿色产品标准、认证、标志体系建设，优先选取与消费者衣食住行用密切相关的产品，以便于广大消费者识别和购买绿色产品。2016年12月，国务院办公厅发布了《国务院办公厅关于建立统一的绿色产品标准、认证、标识体系的意见》，这是由国家统一推行的自愿性绿色产品认证制度。同时，也是推动绿色低碳循环发展、培育绿色市场的必然要求，是加强供给侧结构性改革、提升绿色产品供给质量和效率的重要举措，是引导产业转型升级、提升中国制造竞争力的紧迫任务，是引领绿色消费、保障和改善民生的有效途径，是履行国际减排承诺、提升我国参与全球治理制度性话语权的现实需要。

目前，可使用国家统一绿色产品标志的认证制度有两种：国家统一的绿色产品认证制度和涉及绿色属性的认证制度。绿色产品认证制度是指认证机构对列入国家统一的绿色产品认证目录的产品，依据绿色产品评价标准清单中的标准，按照市场监管总局统一制定发布的绿色产品认证规则开展的认证活动。绿色属性的认证制度是指市场监管总局联合国务院有关部门共同推行统一的涉及资源、能源、环境、品质等绿色属性（如环保、节能、节水、循环、低碳、再生、有机、有害物质限制使用等）的认证制度，认证机构按照相关制度明确的认证规则及评价依据开展的认证活动。

2.3 绿色标志

2.3.1 绿色标志制度

绿色标志制度（Green Label）又称环境标志制度（Environment Label）

或生态标志制度（Eco-Label）。绿色标志是指由政府部门或专门的第三方认证机构依据一定环境标准向有关厂商颁发的，证明其产品符合环境标准的一种特定标志。标志获得者可把标志印在或贴在产品或其包装上。它向消费者表明，该产品从研究开发、生产、销售、使用，到回收利用和处置的整个过程都符合环境保护要求，对环境无害或损害极少。ISO 14020~ISO 14029 是环境标志实施的国际标准。其中，ISO 14020 标准是 ISO 颁发的与环境标志有关的一系列环境管理标准，目前已颁布了 ISO14020《环境标志和声明 通用原则》、ISO14021《环境标志和声明 自我环境声明（Ⅱ型环境标志）》、ISO14024《环境标志和声明 Ⅰ型环境标志 原则和准则》、ISO14025《环境标志和声明 Ⅲ型环境声明 原则和程序》。绿色标志制度发展很快，现在已有 30 多个发达国家、20 多个发展中国家和地区推出绿色标志制度，绿色标志，也称生态标志、环境标志、环境标签等。

绿色标志制度的确立和实施，超越了以往的末端治理模式，强调产品在整个生产周期的无害化或低害化，备受公众欢迎。在环保意识较高的发达国家，50%以上的消费者会自觉选择绿色产品。

2.3.2 世界各国绿色标志简介

世界上的绝大多数环境标志工作由各国政府的环境保护行政主管部门负责管理。

1. 德国

德国于 1977 年提出蓝天使计划，是第一个实行环保标志的国家。德国的环境标志以联合国环境规划署的蓝色天使为主体图案，蓝色天使标志上面伴有 Umweltzeichen（"环境标志"）字样（图 2-5）。蓝天使标志是目前世界上最严格的环保产品标志，远高于欧盟标志。

蓝色天使计划的主要目标为：① 引导消费者购买对环境冲击小的产品；② 鼓励制造者发展和供应不会破坏环境的产品；③ 将环保标志当作一个环境政策的市场导向工具。

图 2-5 德国蓝色天使标志

蓝色天使计划是现今许多环保标志的示范。至 1997 年已有 921 家厂商得到蓝色天使标志，共 88 种、4 135 项产品，其中也包括德国以外的企业。到 1999 年年底，德国的环境标志所认证的产品类别已达到了 100 个。德国的蓝色天使环境标志已具有权威性并获得该国国民的认同，根据一项民意调查显示，100%的德国民众愿意购买蓝色天使产品，68%甚至愿意付出更多代价购买。由于该计划的推动，一些推行环境标志的中小企业的营业额也大为增加。德国环境部部长并于 1990 年指出，德国人民与生产者环保意识的高涨，部分归功于蓝色天使计划的推动与实行。

2. 北欧

北欧白天鹅标志（Nordlc Envlronmentally-Labeled）为一只白色天鹅翱翔于图形绿色背景中，它由北欧委员会标志衍生而得。获得使用标志的产品，在印制标志图样时应于天鹅标志上方标明北欧天鹅环境标志，于下方标明使用标志的理由（至多三行）（图 2-6）。

北欧白天鹅环保标志于 1989 年由北欧部长会议决议发起，统合北欧国家，发展出一套独立公正的标志制度，为全球第一个跨国性的环保标志系统，是统一由厂商自愿申请及具正面鼓励性质的产品环境标志制度，参与的国家

图 2-6 北欧白天鹅标志

包括挪威、瑞典、冰岛及芬兰4个国家，并组成北欧合作小组共同主管。产品规格分别由4个国家研拟，经过其中一国的验证后，即可通行4国。在各组成国中各有一个国家委员会负责管理各国内白天鹅环保标志的工作事宜。各国委员代表再组成白天鹅环保标志协调组织，负责最终决定产品种类与产品规格标准的制定事宜。只要经环保标志协调组织同意，各国均可依据国内状况进行产品环保标志规格标准的开发。各国在产品项目的选取上，考察的因素包括产品环境冲击、产品对环境潜在的环境改善潜力与市场的接受程度，因此，会进行详细的市场调查，包括现有市场集中品的种类、数量及制造国家、消费者需求与产品竞争情形等。目前陆续开放的服务业标志包括旅馆、餐饮、照相馆、干洗店等。1999年年底，这项计划已有58个产品类别、1 200多种标志产品上市。

3. 奥地利

奥地利环保标志（图2-7）创立于1991年，这个标志对顾客和制造商都是自愿性的。希望消费者在选择相同功能的产品时，能选择对环境冲击较小的产品和服务，并且希望厂商和贸易商在不影响环境品质和安全的前提下提供低污染的产品。自1996年起，新产品的种类包括旅游、地毯、杂志纸、办公室椅子等。到1997年已经发展出34种产品标准，目前有150项产品得到了环保标志，10家外国厂商在产品上使用奥地利环保标志。

图2-7 奥地利环保标志

4. 法国

法国环保标志（图2-8）有两种功能：① 产品有可信赖的环境性质；② 承认和奖励在制造过程中考虑环境性质的公司。法国环保标志始于1989年，但因工业界的反对，直到1992年都无法完全实行。目前有6种、300项产品得到环保标志，大多数是涂料、油漆、垃圾袋等。

图2-8 法国环保标志

5. 加拿大

加拿大标志图形称作"环境选择"（Environmental Choice）商标，图形上的一片枫叶代表加拿大的环境，由3只鸽子组成，象征3个主要的环境保护参加者——政府、产业、商业，商标伴随着一个简短的解释性说明，解释商标为什么被认证。

加拿大环境标志（图2-9）原由加拿大环保署于1988年起推动，但从1995年8月起改由授权民营公司执行，二者间的合约条款包括：标志仍属政府所有，授权10年，政府保有监督权，如果违反法规或政策，则撤销授权。该公司为唯一授权颁发该标志的公司，业务包括进行宣导、核发、稽查、市场调查、检验及顾问等。在顾问业务方面，包括ISO 14000的环境管理系统辅导与验证，以及Ecoprofile的Type Ⅲ环境标志制度等。加拿大环保署已责成各地方政府优先采购环境标志产品，也发动大企业、学校、医院等团体参考办理。这个规划至1999年年底包括50个产品类别。

图2-9 加拿大环境标志

6. 美国

美国的环保标志计划由两个民间非营利性组织创立，在东岸盛行绿标签（图2-10），西岸则盛行绿十字标签。绿标签创立于1993年，项目仅有消费性产品与办公室产品两大项，如省水器材、影印机、家用空调系统等，发展已相当成熟。

图2-10 美国绿标签

7. 日本

日本环保标志（图2-11）的含义是以双手拥抱着地球，象征"用我们的手来保护地球和环境"，以两只手拼出一个英文字母"e"，代表"Environment""Earth"和"Ecology"。标志的颜色，原则使用蓝色单色印刷，但可因包装色系的不同而改用其他颜色单色印刷。标志的大小，至少以字能看清楚为原则。另在标志的上方书写"爱护地球"，下方则标明该产品环境保护的效用。

日本环境厅于1989年开始推动环保标志制度。至今已公布产品的总类达72种、2 200件以上。1995年，根据环保标志组织实施要领与环保标志规格要领，重新规定环保标志规格标准制定程序与申请方法，以符合ISO 14024的精神。生态标志商品的选择原则是在使用阶段产生较小的环境负荷，使用此产品以后对环境改善有帮助，使用商品后的废弃阶段可产生最小的环境影响及对其他环境保护有显著贡献。1999年年底，该计划已有68个产品类别、约4 400种生态标志产品。

图2-11　日本环境标志

8. 全球环境标志网络

全球环境标志网络（Global Ecolabelling Network，GEN）是一个国际性组织，由第一类环保标志执行单位所组成。创始于1994年，其标志设计是以红色卫星线形成的网络，环绕着一个绿色的地球，结合地球外围的文字，说明GEN是来自全球各地的环保标志（图2-12）。Green Seal于1992年联合加拿大的环保标志计划，筹组GEN，并希望借此国际力量，宣传第一类环保标志的宗旨与促进国际合作交流。GEN的成立与积极参与，改变了许多产业界代表对第一类环保标志的成见。

图2-12　全球环境标志网络标志

9. 荷兰

荷兰环保标志（图2-13）除包括农产品及食品外，其余均以民生消费品、工业产品为主。

10. 欧盟

欧盟花卉标志（图2-14）自1992年4月开始正式公布实施，为自愿性参与方式，推行单一标志亦可减少消费者及行政管理者的困扰。各会员国设有一主管机关来管理、审查环境标志申请案，将同一类产品按照对环境的影响排名，只有排名在前10%～20%的产品才可申请到欧盟花卉标志。目前有182项产品得到标志。

图2-13　荷兰环保标志

11. 中国

（1）中国十环标志。

中国十环标志（图2-15）的图案由青山、绿水、太阳及10个环组成。标志图形的中心结构表示人类赖以生存的环境，外围的10个环紧密结合，环环相扣，表示公众参与，共同保护环境；同时10个环的"环"字与环境的"环"同字，其寓意为"全民联合起来，共同保护人类赖以生存的环境"。

该标志发布于1993年，是中国唯一由政府颁布的环保产品证明性商标。至今已先后制定了50多项环境标志产品标准，环境认证产品种类达51类，涉及建材、纺织品、汽车、日化用品、电子产品、包装制品等行业。中国环境标志工作旨在帮助人们在日常生活中建立起环境责任，提高环境意识；鼓励企业合理使用资源和能源，并开发和生产环境友好产品。为应对我国加入世贸组织的新形势，根据有关法律法规的调整，原国家环境保护总局决定成立环境认证中心（即中环联合认证中心有限公司），专门承担环境标志产品的

图2-14　欧盟花卉标志

图2-15　中国十环标志

认证工作。

（2）中国台湾环保标志。

该标志图案是以一片绿色树叶包裹着纯净、不受污染的地球。绿色树叶代表可回收、低污染、节省资源的绿色消费观念；绿叶包裹着地球象征着绿色消费是全球性、无国界的（图2-16）。

中国台湾环保标志由台湾"环境保护署"制定实施，旨在鼓励相关单位在原料取得、产品制造、贩卖、使用、废弃过程中，能够节省资源或减少环境污染，有利于企业形象的塑造及提升，并让消费者能清楚地选择有利于环境的产品，提醒消费者慎选低污染性产品，协助完成废弃物减量、回收等环境保护工作，尽地球公民的一份职责。

图2-16　中国台湾环保标志

12. 纺织品生态标签

Öko-Tex Standard 100是世界上最权威的、影响最广的纺织品生态标签。悬挂有Öko-Tex Standard 100标签的产品，都经由分布在世界范围内的15个国家的知名纺织品检定机构（都隶属于国际环保纺织协会）的测试和认证。Öko-Tex Standard 100标签产品提供了产品生态安全的保证，满足了消费者对健康生活的要求（图2-17）。

图2-17　纺织品生态标签

13. CITES标志

CITES即《濒危野生动植物种国际贸易公约》（Convention on International Trade in Endangered Species of Wild Fauna and Flora）的英文缩写，也称华盛顿公约。该公约缔约于1973年，并于1975年正式生效。CITES的宗旨是对其附录所列的濒危物种的商业性国际贸易进行严格的控制和监督，防止因过度的国际贸易和开发利用而危及物种在自然界的生存，避免其灭绝。到目前为止，CITES已有150多个缔约国。CITES标志如图2-18所示。

图2-18　CITES标志

CITES通过许可证和证明书制度来管理野生动植物的国际贸易。这些贸易包括进口、出口、再出口和从海上引进活的和死的动物和植物及其部分产品。目前列入CITES管理的野生动物有4 000多种，野生植物近29 000种。CITES将受管理的野生动植物种分别列入3个附录。

14. TCO标志

瑞典专业雇员联盟（TCO）于1992年在MPRⅡ的基础上对节能、辐射提出了更高的环保要求，标准更加严格，也就是现在的TCO'92标准。TCO组织提出的TCO系列标准不断扩充和改进，逐渐演变成了现在通用的世界性标准，受到了显示器生产厂商的广泛重视。

TCO'92是1991年制定的标准，主要针对显示器提出，包括对电磁辐射、自动电源关闭、功耗、防火及用电安全等方面的要求。

1994年，TCO'95标准的覆盖范围再次扩大，它涉及键盘、系统控制单元等。除TCO'92的各项规定外，还特别推出了环境保护标准，并且要求其符合人体工程学。

TCO'99标准从1998年10月以后开始实施，涉及环境、人体生态学、废物的回收利用、电磁辐射、节能以及安全等多个领域，提出了更严格和全面的标准，对键盘和便携机的设计也提出了具体意见。选购带有TCO认证的显示器，将会有助于用户的健康和对环境的保护。对于长时间面对显示器的人而言，为了健康支付一笔认证费用绝不是浪费金钱。

图 2-19 不同时期 TCO 标志

TCO'03 标准扩展到移动产品类别，引入人体工程学标准、产品回收和扩大铅禁令，是一项重要的更新。该标准在原有的成本评估基础上，增加了对显示器（尤其是液晶显示器 LCD）性能的详细要求，包括图像质量、调整功能和能源效率等，反映了市场对高质量显示技术的需求。TCO'03 的目标是提升显示设备的质量和用户体验，同时确保设备的环境友好性和能源效率。

TCO'06 标准进一步提高了环境保护和动态图像性能的要求，并加入了对设备整个生命周期的考量，包括对有害物质限制、能源消耗和气候影响的评估等。

TCO Certified 是 TCO 认证的最新进展，它不再是单一的标准，而是一个包含多个分类标准的综合体系，旨在覆盖 IT 设备的广泛范围，包括显示器、计算机、手机、平板电脑、数据中心等。自 2009 年起，TCO Certified 每 3 年发布一次新指南，通过其综合和动态的认证体系，引导和促进了 IT 产品在环境友好性、社会责任和经济效益方面的平衡发展，帮助构建更加可持续的技术生态系统。不同时期的 TCO 标志如图 2-19 所示。

15. 森林认证

要确保所购买的木材制品并不会破坏原始森林，便应购买附有 FSC 标志（图 2-20）的木制品。现时世界上只有森林管理委员会（Forest Stewardship Council，FSC）的认证系统最符合环保原则，并得到几乎所有环保组织的支持，包括森林行动网络、世界自然基金会（World Wildlife Fund，WWF）和泰加林拯救网络联盟（Taiga Rescue Network）等。附有 FSC 标志的木制品并没有造成森林破坏，不会使天然林降级为人工林，更不会侵犯原住民的主权。

其他一些国家的环境标志如图 2-21 所示。我国的部分环境标志如图 2-22 所示。

图 2-20 FSC 标志

图 2-21 其他一些国家和组织的环境标志

有机食品标志

有机产品标志

无公害农产品

中国节水标志

绿色之星

能效标志

绿色食品标志

中国台湾节水标章

中国香港环保标签

图 2-22 我国的部分环境标志

2.3.3 各国环境标志实施概况

国外环境标志计划一般由3个机构来管理：一个技术机构或专家委员会负责初审产品种类建议，起草、修改和制定产品标准；一个代表各界利益团体的委员会负责确定产品标准；一个办事机构负责与企业签订合同及管理标志使用。在已实施环境标志的国家中，基本上由以上3个机构分工负责、共同管理环境标志的实施，但由于各国情况不同，其在环境标志的组织结构和实施程序上也不太相同。现以一些国家为例进行分析。

1. 德国

德国的环境标志计划是建立在政府机构和非政府机构的框架之内的。其管理机构由3个部门组成，分别是政府机构——联邦环境署（FEA）、非政府机构——环境标志评审委员会（ELJ）和非政府机构——质量保证与标志协会（RAL）。其中，FEA负责评审产品种类的建议、起草技术报告和标准草案、修改标准草案等工作。ELJ的成员由联邦环境自然保护部、核安全部任命，由11名成员组成。它的成员包括德国教会、环境科学机构、消费者协会、德国工业联合会、德国贸易联盟、地方联邦政府和新闻记者的代表，来自FEA、联邦环境自然保护部、核安全部和RAL的代表也参与评审讨论，但没有表决权。评审委员会负责选择产品种类，评审标准草案，最后确定产品标准。

德国质量保证与标志协会是建于1925年的非效益性机构，是由140家私人组织构成的。在RAL的统一指导下，这些私人组织建立产品质量标准，为工业和贸易服务，提供质量保证。为了保证实施环境标志中决定的中立性，

RAL委员会的委员们在组成上是平衡的，他们来自贸易协会、消费者组织、贸易联合会和政府。RAL组织专家听证FEA起草的技术报告和标准草案，与申请标志的厂商签订合同，管理合同的使用。RAL在标志实施中起技术支撑保证和监督管理作用。

德国的产品实施程序分4步进行。

第一步，任何人都可向联邦环境署提出产品类别建议。联邦环境署检查建议，并转交环境标志评审委员会，环境标志评审委员会选择产品类别供进一步调研与讨论。

第二步，联邦环境署准备技术文献和标准草案，质量保证与标志协会组织专家听证，向环境标志评审委员会提出建议。

第三步，本环境标志评审委员会决定是否接受标准草案。

第四步，生产商向质量保证与标志协会申请标志。经联邦环境署或联邦州政府和其他机构评估后，质量保证与标志协会批准申请。以上步骤可以简化为两个阶段：第一阶段为确立产品种类及制定产品标准；第二阶段为标志的申请审批。

2. 北欧委员会

北欧委员会的部长们，代表芬兰、挪威和瑞典等国家，统一在1989年11月起采用一体化北欧环境标志。该计划有3个目标：① 告诉消费者有关情况，帮助他们选择对环境危害较小的产品；② 鼓励生产者将环境因素纳入产品设计和生产的考虑中；③ 使用市场力量作为环境法规的补充。

北欧环境标志的标准将被设定在尽可能高的程度，以鼓励产品的发展，标准至少要高于最严格的国家标准。申请标志是自愿的，参与该计划的规划和建立各自国家的计划结构也是自愿的。

环境标志北欧共同体有两名来自参加国的代表，隶属于北欧委员会消费者事务高级办公室，是建立标准和选择产品类别的最终机构。当然，产品类别的最初选择和标准的最初制定是在国家层次上进行的。提出产品类别后，必须咨询其他国家后方可进行比较研究，以免重复。

研究的成果，包括标准草案，将提交给其他国家进行评议。提出建议的国家根据评议修改有关的研究文件，然后把附有对该产品类别和标准进行解释的最终建议提交给北欧环境标志共同体。北欧环境标志共同体可以批准、修改或否定该建议。所有北欧环境标志共同体的决定需要通过投票做出，每个国家一票。如果未能达到一致通过，可应任何一个国家的请求将建议提交给北欧委员会部长们决定。

3. 奥地利

在奥地利，标志计划的最终决定权掌握在政府手中，而不是在审查组织手里。4个参与管理标志计划的组织是环境、青年和家庭部（政府的环境保护机构），消费者信息协会（一个非官方的消费者协会），"ARGE质量工作"协会（一个民间的认证协会）和环境标志委员会。

环境标志委员会作为环境、青年和家庭部的咨询机构，有15名义务成员，由3位环境科学专家和12位来自各种利益组织，包括消费者和环境组织、标准和工业协会以及来自贸易和工业部，环境、青年和家庭部等机构的官方代表组成。在已建议的情况下做出选择是该委员会采取所有行动的目标，通常在大多数同意的情况下也可做出决策。

标准草案和产品类别提交给环境标志委员会评审。该委员会可以建议接受、修改后接受或否决申请，最后的决定则由环境、青年和家庭部部长做出。

4. 法国

法国的标志计划依靠独立的标准机构 L'AFNOR 负责监督管理和制定标准。L'AFNOR 即法国标准协会，于1978年1月依法成立。

各商业团体、技术专业团体、各联合会均可提出标志产品类别。生态产品认证委员会首先决定是否对提议做进一步的调查。这个委员会隶属于 L'AFNOR，由来自环境、消费者协会和工业组织的代表组成，具有广泛的基础。如果该建议被认为值得调查，该委员会指派一名专家准备产品类别的范围和标准。与德国计划一样，其确定产品标准是采用矩阵分析方法，它的评价贯穿于产品的整个生命周期。该委员会推荐产品和标准草案，提交给 L'AFNOR，政府赋予 L'AFNOR 起草产品类别范围和标准的责任，因此 L'AFNOR 可以修改或无视该委员会提议。确定产品类别的提议最后由政府主管部长批准。可以看出，隶属于 L'AFNOR 的生态产品认证委员会具有相当大的权力。

5. 加拿大

加拿大的环境标志管理机构是政府机构。这个机构是由一个代表着独立咨询委员会的秘书处管理的，这个秘书处是加拿大环境保护部的一个部门。这个机构和一个技术部门共同制定指导性原则文件，初审产品种类的建议。由加拿大环境保护部部长任命的来自各个领域的代表组成的咨询委员会负责最后评审产品标准。加拿大标准协会（Canadian Standards Association，CSA）不仅和秘书处共同制定指导性文件，还负责向厂商发放环境标志证书及监督管理环境标志的使用。

加拿大环境标志计划的实施过程参考德国的具体做法。第一步，任何人可以提出产品种类建议，由秘书处初审建议后交到咨询委员会选择产品种类。第二步，由3个管理机构（秘书处、咨询委员会和标准协会）与合作技术委员会下设的特别工作组起草产品标准草案，并由来自各个领域的专家组成的合作技术委员会进行第一次评审。第三步，通过的草案交咨询委员复审，公众讨论60天，最后由咨询委员会通过。第四步，由环境保护部部长公布，形成的指导性文件在政府刊物上发表。第五步，生产商向加拿大标准协会申请标志，经批准后可以使用标志。在整个实施过程中，加拿大增加了公众讨论这一项。

6. 新西兰

新西兰的环境标志计划是由TELARC负责的。TELARC是新西兰质量保障、试验测试和工业设计鉴定局的简称。TELARC是根据1972年新西兰议会法令建立的法定机构，旨在促进先进实验室测试的发展质量保障。该机构的委员会成员由政府任命，独立开展工作，管理着新西兰设计标准和质量标准。

目前，新西兰环境标志计划已建立了一个很小的工作小组，成员来自 TELARC、环境部、消费者协会（民间的、非营利性的消费者监督组织），主要任务是建立环境选择管理咨询委员会（ECMAC）。ECMAC 的成员具有广泛代表性，共有10名成员，分别来自生产者、零售商、包装商、环境利益团体以及环境部、消费者协会的代表。

该计划的实施过程与加拿大环境标志计划相似，ECMAC 初步决定产品类别，专家小组决定产品标准，产品类别和标准最后由TELARC批准。生产者自愿申请标志，并支付使用费。与澳大利亚标志计划紧密合作是该计划的一条基本原则。为此，成立了澳大利亚与新西兰环境委员会。该委员会由新西兰环境部部长、澳大利亚政府和很多澳大利亚州政府的代表组成。

7. 日本

日本的环境标志计划由促进委员会和专家委员会负责。这两个委员会均隶属于日本环境协会。日本环境协会是非政府部门，但由政府部门——日本环境署管理。促进委员会由 9 人组成，在规划中起主要的决策作用，负责制定规划指导原则，选择和确定产品种类和产品标准及建立标准。促进委员会的代表来自消费者、生产商、工业组织、销售组织、环保局、国家环境研究所和地方政府。专家委员会由 5 人组成，其代表来自消费组织以及环保局和国家环境研究所的技术专家、环境科学专家，从而具有更多的技术保证。专家委员会负责确定审批标准和审批程序以及审批申请的产品是否符合环境质量要求，而日常工作则交由日本环境协会的秘书处管理。

日本生态规划的审批过程如下：任何人都可提出申请标志的产品种类建议。促进委员会根据制定的原则及申请提供的信息决定是否批准该品种。如果该产品种类被批准，在专家委员会的帮助下，促进委员会建立标准。标准制定的时间一般比德国和加拿大要短。如果产品种类的标准已存在，促进委员会为了确定申请者的产品是否满足标准，可能要求生产者提供更多的信息，或请第三者组织测试。如果标志被批准使用，厂商与日本环境协会签订"生态标志"使用合同，期限为两年。

8. 中国

中国原国家环境保护总局 1993 年开始在全国开展环境标志工作，1994 年 5 月 17 日在北京正式成立了中国环境标志认证委员会，该委员会代表国家对环境标志产品实施认证。

中国环境标志产品认证由原国家环境保护总局颁布环境标志产品技术要求，地方环境保护局对企业守法达标进行初审，技术专家现场检查，行业权威检测机构检验样品，最终由技术委员会综合评定，严格的认证程序与国际接轨。中国环境标志要求认证企业建立融 ISO 9000、ISO 14001 国际标准和产品认证为一体的环境标志产品保障体系；同时，对认证企业实施严格的年检制度，确保认证产品持续达标，保护消费者利益，维护环境标志认证的权威性和公正性。中国环境标志立足于整体推进 ISO 14000 国际标准，把生命周期评价的理论和方法、环境管理的现代意识和清洁生产技术融入产品环境标志认证，推动环境友好产品的发展，坚持以人为本的现代理念，开拓生态工业、循环经济。中国环境标志产品的目标是环境行为优、产品质量优的"双优产品"，建立绿色体系、生产绿色产品的"双绿企业"，实现经济发展与环境保护的"双赢"。

2.3.4 绿色标志的类型和特点

国际标准化组织(International Organization for Standardization，ISO)颁布的 ISO 14024、ISO 14021、ISO 1425 分别规定了Ⅰ型、Ⅱ型和Ⅲ型环境标志计划的具体原则和程序。

这三种不同环境标志的出现是源于不同的需要和市场，Ⅰ、Ⅱ型环境标志是针对普通的市场和消费者，Ⅲ型环境标志是针对专业的购买者。三种环境标志也有着自己不同的名字，Ⅰ型称环境标志，Ⅱ型称自我环境声明，Ⅲ型称环境产品声明。由于三种环境标志采用的评价方法不同，实施起来有着巨大的区别：Ⅰ型的特点是要对每类产品制定产品环境特性标准；Ⅱ型是企业可以自己进行环境声明；Ⅲ型是要进行全生命周期评价，然后公布产品对全球环境产生的影响。

我们可以依据环境标志的国际标准对其特点进行比较。

1. Ⅰ型环境标志

Ⅰ型环境标志计划是一种自愿的、基于多准则的第三方认证计划，以此颁发许可证授权产品使用环境标志证书，表明在特定的产品种类中，基于生命周期考虑，该产品具有环境优越性。第三方可以是政府组织或独立的非商业性实体。例如德国的蓝色天使标志、欧盟的化卉标志、中国的十环标志等。

Ⅰ型环境标志应该遵循的原则为自愿性原则、选择性原则、产品的功能性原则、符合性和验证性原则、可得性原则和保密性原则。

Ⅰ型环境标志的特点为公开透明、第三方认证、产品的规模效应、其他国际通行标准、明确的环境标志产品准则。

Ⅰ型环境标志需预先制定产品准则，以作为产品认证的技术依据，由此决定环境标志准则在Ⅰ型环境标志计划中的核心地位。

Ⅰ型环境标志技术标准还需要对技术和市场的变化做出实时反应、定期评审或及时修订，目的都在于反映高新科技的新成果和社会公众的新需求，确保技术标准与技术和市场同步。当然，在更新技术标准的同时，还要求认证企业在规定时间内实现新标准的指标。

各国在国际标准 ISO 14024 规定的原则和程序的指导下，把产品的环境行为标准具体化，目前世界主要国家共颁布环境标志产品标准 1 000 余个，每 2~3 年修订一次，以适应科技进步和公众对绿色标志不断提高的要求。

Ⅰ型环境标志在鼓励社会层次上的大循环经济的同时，还注重人体健康安全，提倡的是更高层次上的"循环经济"。

2. Ⅱ型环境标志（自我环境声明）

Ⅱ型环境标志即自我环境声明，它是一种未经独立第三方认证，基于某种环境因素提出的，是由制造商、进口商、分销商、零售商或任何能获益的一方自行做出的环境声明。自我环境声明包括与产品有关的说明、符号和图形；有选择地提供了环境声明中一些通用的术语及其使用的限用条件；规定了对自我环境声明进行评价和验证的一般方法，以及对选定的 12 项声明进行评价和验证的具体方法。

Ⅱ型环境标志规定了产品和服务在做自我环境声明时应遵循的通用原则，以及对当前正在或今后可能被广泛使用的 12 项自我环境声明给出具体要求。

12 项自我环境声明的内容为可"堆肥""可降解""可拆解设计""延长产品寿命""使用回收能量""可再循环""再循环含量""节能""节约资源""节水""可重复使用或重复充装""减少废物量"。其在设计、生产、使用、废弃这一生命周期过程中的分布是：在生产环节有一项声明："节约资源"；在使用环节有 3 项声明——"节能""节水"和"延长产品寿命"；在使用至废弃前有两项声明——"减少废物量"和"可重复使用和充装"；在废弃阶段，有 4 项声明——"可降解""可堆肥""可再循环"和"可拆解设计"；在废弃物再次进入生产阶段，有两项声明——"再循环含量"和"使用回收能量"。可见，12 项声明涵盖生产、使用、废弃的全过程，企业没有权力再自造环境声明。中介机构重在验证 12 项声明内容准确、无误、给公众准确信息。

Ⅱ型环境标志针对某一特定要求进行自我环境声明，快速直接地反映公众的某项需求和企业的某项承诺，在贴近企业和公众方面提供了更加有效的补充。

Ⅱ型环境标志主要针对资源的有效利用，企业可以从声明中规定的12项中选择一项或几项做出产品自我环境声明，并须经第三方验证。

3. Ⅲ型环境标志

Ⅲ型环境标志是一个量化的产品生命周期信息简介，它由供应商提供，以根据 ISO 14040 系列标准而进行的生命周期评估为基础，根据预先设定的参数，将环境标志的内容经由有资格的、独立的第三方进行严格评审、检测、评估，证明产品和服务的信息公告符合实际后，准予颁发评估证书。

Ⅲ型环境标志的原则是自愿性、开放性和协商性、体现产品功能特性、透明性、可得性、科学性、机密性。

Ⅲ型环境标志声明中的信息应从生命周期评价中获取，运用的方法是在相关的 ISO 标准（ISO 14040～ISO 14043）中制定出来的。在 ISO 14025 标准草案中为Ⅲ型环境声明提供了两种方法供选择：① 生命周期清单（Life Cycle Inventory，LCI）方法，即用量化的数据，将生命周期中每个阶段的输入输出表征出来；② 生命周期影响评价（Life Cycle Impact Assessment，LCIA）方法，即在生命周期清单分析的基础上，进一步评价每个生产阶段或产品每个部件的环境影响程度。由于生命周期影响评价方法现在还不够成熟，因此，多数国家在Ⅲ型环境标志计划的开展过程中，都采用了以生命周期清单分析为基础，对个别重要的环境因素进行影响评价的方法。

可以认为，Ⅲ型环境标志通过生命周期各阶段的输入输出清单分析，将各种量化的信息予以公布，最终目的都是为了借助公众监督和消费选择的力量，来刺激和鼓励企业通过各种途径实现资源能源的利用效率。

2.4 绿色设计

2.4.1 绿色设计的定义

有人将传统设计称为"从摇篮到坟墓"的设计，而将绿色设计称为"从摇篮到再现"或"从摇篮到摇篮"的设计。传统设计与绿色设计的关系如表2-4所示。

表2-4 传统设计与绿色设计的关系

项目		传统设计	绿色设计
不同点	设计思想	基于传统设计思想	基于环境意识和可持续发展思想，来源于传统设计，又高于传统设计
	实质	主要考虑实现顾客需求的产品的基本属性，即产品的功能、质量和生产成本，而忽略了产品的环境属性，即产品生命周期各个阶段的环境影响。较少考虑产品使用阶段的使用成本、保修期后的维修成本，未考虑产品生命终止后的处置成本	设计从产品全生命周期出发，考虑了生命周期各个阶段对环境的影响。特别是在产品生命终止后，着重考虑废弃产品如何回收、再生和再利用。只有这样，才能使废弃产品对环境的影响减至最小，才能最大限度地提高资源的循环利用率

续表

项目		传统设计	绿色设计
不同点	可制造性	仅考虑与制造阶段本身有关的可制造性，较少考虑与使用、维修等阶段有关的可制造性，未考虑与回收阶段有关的可制造性	不仅考虑与制造阶段本身有关的可制造性，还充分考虑与使用、维修和回收等阶段有关的可制造性
	生命周期	开环式的产品生命周期（图2-23）	闭环式的产品生命周期（图2-24）
	设计方式	串行工程方式	并行工程方式
相同点		都要考虑产品的功能、质量、可制造性和成本等产品的基本属性，同样要解决产品的总体结构、材料选择、零部件结构形状和尺寸以及零部件的连接形式等基本设计内容	

图2-23 开环式的产品生命周期

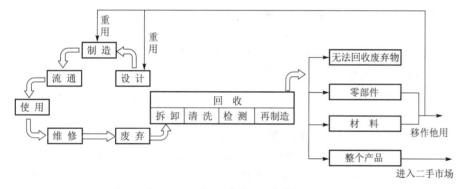

图2-24 闭环式的产品生命周期

绿色设计又称生态设计（Ecodesign）、面向环境的设计（Design for Environment, DFE）、可持续设计（Sustainable Design）、产品生命周期设计（Product Life Cycle Design）等，目前关于绿色设计的定义，国内外还没有一个统一的、公认的定义。不同的学者对绿色设计的定义内容虽然有所不同，但从不同的角度描述了绿色设计的内涵，下面列出绿色设计的几种主要定义方式，有助于理解绿色设计的含义。

（1）美国的技术评价部门OTA 1992年把绿色设计定义为：绿色设计实现两个目标——防止污染和最佳的材料使用。

（2）美国AT&T公司环境与安全工程原副总裁戴维（David）在美国机械工程师学会（ASME）的一次大会上谈道："DFE设计思想简单而且符合逻辑，从源头上防治污染，将设计与制造作为一个整体。不要等着污染了再去处理。预测到产品和工艺对环境的负面影响，并提前处理好，这就是面向环境的设计。"

（3）美国国家技术与环境工程学会高级项目主管蒂纳·理查德斯（Deanna Richards）曾解释："DFE是一种把可回收性、可拆卸性、可维修性、可再生性、可重用性等一系列环境参数作为设计目标的设计过程。当这些环境目标达到以后,再考虑产品的质量生命周期、功能等因素。DFE 有很好的商业意义,因为它降低了有害物质的处理成本,也不会因为违反政府条例而受到处罚。DFE 的核心是建立一个回收利用体系以及建立一个不同材料、不同工艺和不同技术的环境参数体系作为绿色产品评估体系。"

(4) Digital 环境健康与安全部顾问鲍勃·非容(Bob Ferone)说:"DFE 的关键是一种面向系统的方法,而不是面向产品的方法。这是本质的区别。"他说最可能的结果将是设计产品时将整个系统包括制造、使用、废物处理都考虑到,而不仅仅是产品的设计。

(5) 绿色设计,即在产品的整个生命周期内,着重考虑产品环境属性(可拆卸性、可回收性、可维护性、可重复利用性等),并将其作为设计目标,在满足环境目标要求的同时,保证产品应有的功能、使用寿命、质量等。

(6) 绿色设计(也称生态设计或生命周期设计或环境设计)是指将环境因素纳入设计之中,从而帮助确定设计的决策方向。绿色设计要求在产品开发的所有阶段均考虑环境因素,从产品的整个生命周期减少对环境的影响,最终引导产生一个更具有可持续性的生产和消费系统。绿色设计活动主要包含两方面的含义:① 从保护环境的角度考虑,减少资源消耗、实现可持续发展战略;② 从商业角度考虑,降低成本,减少潜在的责任风险,以提高竞争能力。

(7) 绿色设计是以环境资源为核心概念的设计过程,即在产品的整个生命周期内,优先考虑产品的环境属性(可拆卸性、可回收性等),并将其作为产品的设计目标,在满足环境目标的同时保证产品的物理目标(基本性能、使用寿命、质量等)。绿色设计包含了产品从概念形成到生产制造、使用乃至废弃后的回收、再利用及处理的各个阶段,涉及产品的整个生命周期。

(8) 有中国学者认为,鉴于绿色设计的多重属性,应该从一个更广泛、抽象的层次上来理解和定义绿色设计,即绿色设计与制造是一个技术和组织(管理)活动,它通过合理使用所有的资源,以最小的生态危害,使各方尽可能获得最大的利益或价值。

① 技术是指设计技术、制造技术、产品的技术原理、再制造技术、信息技术和废物处理技术等。

② 组织包括国家、政府部门和民间团体,以及制定的各种法规和技术管理、质量管理和环境管理体系,各种相关标准和理念。有效的组织是合理利用资源的一个重要方面,它对于防止经济增长和资源消耗相分离是非常有意义的。

③ 资源包括能量流、材料流、信息流、人力资源,各种知识以及时间。

④ 生态危害是指自然环境的破坏,以及当代人、后代人,消费者和劳动者的健康危害和潜在危险。

⑤ 各方指全球环境、国家、区域环境、企业或公司以及消费者和劳动者。

⑥ 利益或价值指各方的成本效益和社会效益,如公司的形象,特别是保证消费者的满意度,只有当绿色产品和服务在市场上满足消费者的需求时,才能够实现价值交换。另外,消费者需要的产品和服务在本质上是一种解决方案,因此,绿色产品应该是为具体客户定制的,应开拓新的消费模式,例如,消费者购买使用权,而不是产品的所有权。

2.4.2 绿色设计术语和概念

国内外与绿色设计与制造相关的概念和提法很多,下面讨论这个问题。

1. 以某一个与绿色设计与制造相关的属性为目标的概念

(1) 面向环境的设计(Design for Environment,DFE)。

DFE 是把环境需求集成到传统的设计过程中,是指整个产品的实现过程,它一般由产品规划、概念设计、详细设计、工艺规划和制造组成。虽然设计只是产品实现过程的一个阶段,但是常常用"产品设计"这个词来代指整个产品的实现过程。DFE 与环境友好设计(Environment Friendly Design,EFD)、环境意识设计(Environment Conscious Design,ECD)是一个含义。

(2) 面向拆卸的设计(Design for Disassembly,DFD)。

为了便于产品或零部件的重复利用或材料的回收利用,采用模块化设计、减少材料种类、减少拆卸工作量和拆卸时间等的设计方法。

(3) 面向再循环的设计(Design for Recycling,DFR)。

在设计时考虑产品的回收性和再利用、材料的回收率和利用价值,以及回收工艺和技术的设计方法。

(4) 面向再制造的设计(Design for Remanufacture,DFR)。

在设计时考虑零部件再制造的可行性,通过结构设计、材料选择、材料编码等设计技术,以及再制造工程技术手段,实现产品或零部件的再制造的设计方法。

(5) 面向能源节省的设计(Design for Energy Saving,DFES)。

在设计时以节省能源为目标,减少产品的使用能耗和待机能耗,例如家用电器、计算机和服务器等产品。

2. 以产品生命周期为界定基础的概念

生命周期是产品从材料提取和加工、制造、使用和最终处置的生命过程,每个活动都对应于生命周期的某个阶段。在生命周期的后面常常跟一个名词以明确研究的重点和主题。以产品生命周期为界定基础的概念有:

(1) 全生命周期评价(Life Cycle Assessment,LCA)。

LCA 是对产品全生命周期的各个阶段的环境影响的评价方法。

(2) 全生命周期清单分析(Life Cycle Inventory,LCI)。

全生命周期清单分析是对产品、工艺及相关活动在全生命周期中的资源和能源消耗、环境排放进行定量分析。全生命周期清单分析的核心是建立以产品功能单位表示的输入和输出的清单。全生命周期清单分析是生命周期评价 LCA 的基础和主要内容。

(3) 全生命周期工程(Life Cycle Engineering,LCE)。

LCE 涉及产品的整个生命周期,从原材料的获取、材料的加工到产品的制造、使用和处置。在某种程度上,LCE 和 DFE 可以是相同的概念,但是,LCE 的目标可以是不同的,如低成本、长寿命、资源消耗最小化等。一旦我们开始考虑产品的全生命周期,环境影响就变得非常重要了,这是二者都要解决的问题。

(4) 全生命周期设计(Life Cycle Design,LCD)。

LCD 是一种设计方法学,它要考虑产品的各个生命阶段,分析一系列的环境后果,并从企业的内部和外部收集与产品相关的所有信息。产品的生命周期不仅包括产品实体,而且包括与其相关的所有活动:如制造过程、产品的供应、产品的配送；如原材料和能源的使用，最终产品的材料，废物的产生、加工过程，工厂、设备和辅助活动，包装、运输、存储设施等诸多方面。

LCD 的目标可以概括为减小对环境的影响和可持续的解决方案。很多学者认为 LCD 和 DFE 是可以互换的概念。DFE 也可以被看作是 LCD 的诸多目标之一。

生态设计术语常常在欧洲使用，它意味着环境友好的设计，并把 DFE 和 LCD 结合起来。绿色设计主要在美国使用，在我国经常使用的是绿色设计、绿色制造、绿色设计与制造、生态设计。

3. 其他概念

（1）清洁生产（Cleaner Production，CP）。

清洁生产是指既可满足人们的需要，又可合理地使用自然资源和能源，并保护环境的生产方法和措施，其实质是一种物料和能耗最小的人类生产活动的规划和管理，将废物减量化、资源化和无害化，或消灭于生产过程之中（可参见第 1 章）。

（2）链管理（Chain Management，CM）。

链管理以生产企业为核心，把上游的供应商和下游的企业及用户作为一个链来管理，即通过链中不同企业的制造、装配、分销、零售等过程将原材料转换成产品和商品，到用户的使用，最后再到回收商和再利用企业的转换过程。CM 强调的是跨越产品生命周期的整体管理，并从这一角度来优化。

2.4.3　绿色设计原则

在《机电产品绿色设计理论及方法》一书的研究内容（一）中，关于绿色设计的原则做了如下阐述：绿色设计的目的就是利用并行设计的思想，综合考虑在产品生命周期中的技术、环境以及经济性等因素的影响，使所设计的产品对社会的贡献最大，对制造商、用户以及环境的负面影响最小。绿色设计的设计原则如下。

1. 技术先进性原则

技术先进性是绿色设计的前提。绿色设计强调在产品生命周期中采用先进的技术，从技术上保证安全、可靠、经济地实现产品的各项功能和性能，保证产品生命周期全过程具有很好的环境协调性。

2. 技术创新性原则

技术创新是绿色设计的灵魂。绿色设计作为一门新兴的交叉性边缘学科，它面对的是以前从来没有解决过的新问题，这样的学科必然伴随着技术上的创新。所以在绿色设计中，设计者们要善于思考、敢于想象、大胆创新。

3. 功能先进、实用原则

功能先进、实用是绿色设计的根本原则。绿色设计的最终目标是向用户和社会提供功能先进、实用的绿色产品，不能满足顾客需求的设计是绝对没有市场的，所以不管任何时候，都应将产品功能先进、实用作为设计的首要目标。

功能先进意味着产品应采用先进技术来实现产品的功能。同样的功能，用先进技术来实现不仅容易，产品的可靠性也会增强，产品会变得更加实用，功能的扩展也更容易。功能实用性意味着产品的功能能够满足用户要求，并且性能可靠、简单易用，同时它排斥了冗余功能的存在。目前国际上兴起的"低价位"产品热正好反映了制造厂家观念的改变。

4. 环境协调性原则

绿色设计强调在设计中通过在产品生命周期的各个阶段中应用各种先进的绿色技术和措施使所设计的产品具有节能降耗、保护环境和人体健康等特性。

5. 资源最佳利用原则

在资源选用时，应充分考虑资源的再生能力，避免因资源的不合理使用而加剧资源的稀缺性和资源枯竭危机，从而制约生产的持续发展。因此设计中应尽可能选择可再生资源。

在设计上应尽可能保证资源在产品的整个生命周期中得到最大限度的利用，对于因技术限制而不能回收再生重用的废弃物应能够自然降解，或便于安全地加以最终处理，以免增加环境的负担。

6. 能量最佳利用原则

在选用能源类型时，应尽可能选用可再生能源，优化能源结构，尽量减少不可再生能源的使用，以有效减缓能源危机。

通过设计，力求使产品全生命周期中的能量消耗最少，以减少能源的浪费。同时，减少由于这些浪费的能量造成的环境污染。

7. 污染极小化原则

绿色设计应彻底抛弃传统的"先污染、后治理"的末端治理方式，在设计时就充分考虑如何使产品在其全生命周期中对环境的污染最小、如何消除污染源并从根本上消除污染。产品在其全生命周期中产生的环境污染为零是绿色设计的理想目标。

8. 安全宜人性原则

绿色设计不仅要求考虑如何确保产品生产者和使用者的安全，而且还要求产品符合人机工程学、美学等有关原理，以使产品安全可靠、操作性好、舒适宜人。换言之，绿色设计不仅要求所设计的产品在其全生命周期过程中对人们的身心健康造成的伤害最小，还要求给产品的生产者和使用者提供舒适宜人的作业环境。

9. 综合效益最佳原则

经济合理性是绿色设计中必须考虑的因素之一。一个设计方案或产品若不具备用户可接受的价格，就不可能走向市场。与传统设计不同，绿色设计不仅要考虑企业自身的经济效益，而且还要从可持续发展观点出发，考虑产品全生命周期的环境行为对生态环境和社会所造成的影响，即考虑设计所带来的生态效益和社会效益。以最低的成本费用产生最大的经济效益、生态效益和社会效益。

2.4.4 绿色设计的评价

这里主要介绍生命周期评价方法和绿色度评价方法。

1. 生命周期评价方法

生命周期评价方法也称为产品生命周期分析（Life Cycle Analysis，LCA）、资源环境状况分析（Resource and Environment Profile Analysis，REPA），它

是一种对产品全生命周期的资源消耗和环境影响进行评价的环境管理工具。综合国内外的研究，生命周期评价方法可理解为：运用系统的观点，对产品体系在整个生命周期中的资源消耗、环境影响的数据和信息进行收集、鉴定、量化、分析和评估，并为改善产品的环境性提供全面、准确信息的一种环境性评价工具。产品的整个生命周期包括原材料和能源的获取，原材料的加工，产品的制造、装配、包装、运输和销售，产品的使用和维护，回收和废弃物处理的全过程。环境影响包括资源耗竭、人体健康和生态影响。

生命周期评价是针对日益严重的环境问题和公众日益提高的环保意识而发展起来的一门技术。国际标准化组织ISO/TC207环境管理技术委员会制定了关于生命周期评价的系列标准，还建立了生命周期评价（LCA）框架，如图2-25所示。

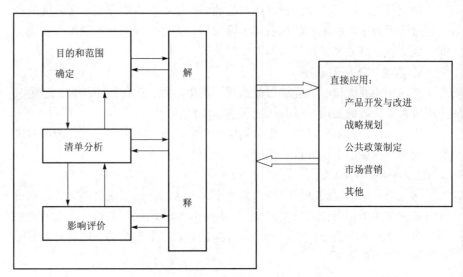

图2-25　生命周期评价（LCA）框架

由图2-25可以看出，LCA包括目的和范围确定（Goal Definition and Scoping）、清单分析（Life Cycle Inventory）、影响评价（Impact Assessment）和解释（Interpretation）4个阶段。

（1）目的和范围确定。

首先要确定研究的目的，研究目的常常隐含地确定评价所需要的产品信息的种类和数据的准确度。进行生命周期评价的目的通常是识别产品的改善潜力和改进后的评价。利用生命周期评价方法，识别某类产品在技术性、环境协调性以及经济性方面存在的问题，并判别对其进行改善的可能性与潜力。在产品研发时，使用简化的产品生命周期评价方法，只考虑最关键的功能单元和过程，对概念设计和方案设计进行比较、评价，实现方案初选；进一步寻找各个设计方案的优缺点，并做出综合评价，从中寻求改进的方向和可能性，并对方案进行改进、评价，力争得到最优方案。

当评价目的确定后，就要规定产品生命周期分析的研究范围和边界，以适应所确定的评价目的。评价的范围和边界是产品系统之间或产品系统与环境之间的界面。评价范围和边界的确定是非常重要的，评价的结果或结论往往与评价范围有关。例如，对汽车的LCA分析的边界和范围不同，会得出不同的结果；一个考虑了汽车的基本设施，如道路、停车场、修理站和服务中心，而另一个不考虑这些因素，环境影响分析的结果是不同的，它们不能直接比较。

通常所要确定的评价范围和边界内容如表2-5所示。

表2-5 评价范围和边界内容

评价范围	边界内容
产品系统的功能和功能单元分析	产品系统是实现某一指定功能的单元的有机体或集合。功能单元是指产品系统中可以相对独立地进行输入和输出分析的分功能
假设	用文字明确做出的假设，并对假设的根据进行说明
数据质量	数据相关的时空范围、技术范围，数据的可获得性、完整性和代表性等

（2）清单分析。

产品的LCA目标和范围确定以后，就要进行清单分析，清单分析是生命周期评价的核心和重要组成部分。在清单分析中，产品作为一个系统来描述，产品生命周期中的所有过程和活动都要包括在系统边界内，对系统的输入和输出数据进行记录和分析，详细列出各个阶段的各种输入输出清单。图2-26所示为清单分析系统，图2-27所示为清单分析过程。

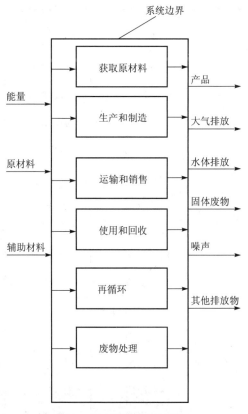

图2-26 清单分析系统

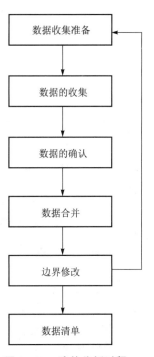

图2-27 清单分析过程

在清单分析中，常常要进行输入和输出数据的分配，即能源、原材料和环境排放物在产品和产品系统之间的分配。例如，在产品制造阶段能源的消耗，废水、废气的排放往往是按整个企业或一个车间的形式记录的，而不是以功能单元或过程进行数据采集的。数据的分配通常是对共生产品系统和开环再循环系统进行的。当多个产品同时产出于某一个或几个工艺过程时，就构成了产品共生系统，例如，燃煤热电厂同时产生电力和热能，那么就要对热电厂产生的排放物（如 CO_2）在电力和热力之间进行分配。开环再循环就是产品退役后被重新收集、处理，然后作为另一个产品系统的原材料或再制造的零部件。例如，汽车底盘经过粉碎和熔炼后再作为初级的原材料利用，而汽车的发动机或变速箱可以进行再制造，重新在新品上使用。关于分配的原则和方法可参阅相关的资料。

（3）影响评价。

生命周期影响评价是利用清单分析的结果评价产品系统潜在的环境影响的大小。为了便于分析和比较，需要把产品系统的输出对生态环境的影响进行分类，分类时要考虑分类的科学性、完整性、独立性和可操作性。一般来说，在进行生命周期影响评价时，把环境影响的内容分为三大类：资源耗竭、环境污染和生态系统退化；在空间上分为全球影响、区域影响和局部影响；在时间上常以 100 年为时间标尺。目前公认的环境影响类型和影响空间如表 2-6 所示。

表 2-6 环境影响类型和影响空间

	环境影响类型	影响空间	度量难易程度
资源耗竭	矿产等非生物资源耗竭	全球影响	易度量
	生物资源耗竭	全球影响	不易度量
环境污染	全球变暖	全球影响	易度量
	臭氧层耗损	全球影响	易度量
	酸化	区域影响	易度量
	富营养化	区域影响	易度量
	光化学污染	区域影响	易度量
	固体废弃物	局部影响	易度量
	烟尘和灰尘	局部影响	不易度量
生态退化	生物多样性减少	全球影响	很难度量
	物种消失	全球影响	很难度量
	土壤沙化、荒漠化	区域影响	可度量
人体健康	人体生殖、免疫、神经系统损害	局部影响	很难度量
	致癌物质	局部影响	很难度量
	过敏物质	局部影响	可度量
	噪声的损害	局部影响	可度量

当生命周期的影响结果与几个影响类别相关时，还要区别影响机制是并联机制还是串联机制。并联机制是产生一个危害后不再产生其他影响或危害，例如，SO_2 既可以造成酸化，又对人体有危害，但是它在造成酸化的过程中会被氧化，不会继续对人体造成危害，因此，需要对 SO_2 的环境影响进行分配；而串联机制正好相反，不需要对环境影响进行分配。

为了使数据具有可比性，便于解释，还要对环境影响数据定量化。国内外常用的是当量因子法，即把不同的影响因素产生的结果进行累积，计算总的等价影响结果。首先确定当量因子，当量因子就是选择一种对某种环境影响有影响的因素作为参考基准，其余的影响大小则以参考基准为依据来计算，当量因子也称为等价因子、特征化因子或影响因子。例如，对全球变暖的影响的分析中，影响全球变暖的物质有 CO_2、CH_4 和 CFCs 等，这些物质对全球变暖影响的贡献均不一样。通常采用 CO_2 作为全球变暖影响的参考基准，因此影响因素表达的是每克某物质相当于多少克的 CO_2。表 2-7 列出了各类物质的全球变暖潜能值（Global Warming Potentials，GWP），即当量因子。例如在 100 年中 CH_4 的当量因子是 25，它意味着 1 g CH_4 对全球变暖的贡献相当于 25 g 的 CO_2。假如某产品在全生命周期内的温室气体排放是 CH_4 550 g、CO_2 15 000 g、CO 10 g，在 100 年内的全球变暖潜在影响当量为 28 770 g CO_2 [GWP = 550×25 + 15 000×1 + 10×2 = 28 770（g）]。

表 2-7 各类物质的全球变暖潜能值

物质	分子式	全球变暖潜能值		
		20 年	100 年	500 年
甲烷	CH_4	62	25	8
二氧化氮	NO_2	290	320	180
CFC-11	$CFCl_3$	5 000	4 000	1 400
CFC-12	CF_2Cl_2	7 900	8 500	4 200
HCFC-22	CHF_2Cl	4 300	1 700	520
HCFC-141b	$CFCl_2CH_3$	1 800	630	200
HCFC-142b	CF_2ClCH_3	4 200	2 000	630
HFC-134a	CH_2FCF_3	3 300	1 300	420
HFC-152a	CHF_2CF_3	460	140	44
四氯化碳	CCl_4	2 000	1 400	500
三氯乙烷	CH_3CCl_3	360	110	35
氯仿	$CHCl_3$	15	5	1
二氯甲烷	CH_2Cl_2	28	9	3
一氧化碳	CO	2	2	2

（4）解释。

生命周期解释对清单分析和影响评价进行结果分析，得出结论，并解释其局限性。标准中规定解释由 3 部分组成，如表 2-8 所示。

表 2-8 生命周期解释过程

组成	目的	内容	说明
识别	根据清单分析和影响评价的结果进行组织，以便发现重大问题	结果的汇总	结果以各种结构化的方式表达出来；可以对贡献值或贡献率进行分析和排序，结果用图表来表示
		方法的选择	对系统的边界、分析中的类型分类、模型等处理方法进行说明
		价值选择	生命周期影响评价中的价值选择
		应用信息	相关团体和各个方面的职责和作用、评审过程及结果
评估	对评价结果的可靠性进行检查	完整性检查	为了保证获得的信息和数据的完整性和可用性，如果相关信息和数据不完整，就要检查这些数据的必要性。当某个信息缺失，而且是必需的，就要进行重新计算、检查
		敏感性检查	由于产品的整个生命周期跨越的时间和空间很大，系统建模理论不成熟、数据收集困难，不可避免地存在一些假设条件和数据缺乏或数据不确定等情况，因此必须进行敏感性分析，以确定其对研究目标的影响
		一致性检查	对清单分析和生命周期影响分析中的假设、数据和方法的一致性进行验证，以及它们与目的和范围的一致性
结论和建议	得出结论	结论	分析的初步结果和重要结果
		建议	根据分析的范围和方法提出合理的建议

（5）局限性。

虽然生命周期分析是目前最有效的环境影响评价方法，但是它还有很多局限性，具体表现如表 2-9 所示。

表 2-9 生命周期评价的局限性

内容	解释
成本高、工作量大	由于数据量很大，数据收集困难，使 LCA 成本较高，一个简单的 LCA 分析的费用将达到 20 万美元。另外，还有技术保密和知识产权的问题，上游和下游的数据收集更困难
结果比较难	不同类型的结果常常难以比较，如物种灭绝和健康受损；而且受科技发展水平和认知能力的限制，很多的环境危害并不清楚
边界的确定困难	边界的确定困难，如是否包括了材料的提炼，是否包括了设备的 LCA 等。LCA 引发的一些争论，主要是由评定的边界和范围的假设不同而引起的

续表

内容	解释
没有技术性和经济性评价	现有的 LCA 方法和工具很少考虑产品的技术性和经济性，多将注意力放在资源和能源消耗、废物管理和环境影响上，其评价的重点在于分析产品生命周期的各过程，而产品的技术性通常涉及产品自身的特性（如产品的结构、功能和性能等）
主观性强	生命周期评价中采用的模型、评价指标和评价方法还不完善，评价结果的不确定性大。在 LCA 的每一个阶段上都要进行主观的决策和判断
不考虑多生命周期	基本没有考虑多生命周期，随着产品及其零部件回收利用率的提高和再制造技术的发展，一个产品中往往包含有再制造零部件或再循环材料，采用现有的 LCA 方法进行分析，就会因为考虑产品的多个生命周期而使数据收集工作难度加大
不适合于产品研发	LCA 方法适合于已经存在的产品的环境影响分析，不适用于产品开发。其应用目前首先是在新产品开发设计前对现有产品的环境影响进行分析，找到现有产品的环境影响的瓶颈/最大缺陷。设计完成后，再进行 LCA 分析，来验证新产品是否比旧产品更具有环境友好性
不考虑市场和消费者	LCA 方法没有考虑消费者的爱好、偏好和兴趣，如汽车的外钣金材料可以是镀锌板、铝板或塑料，即使 LCA 分析有相同的 LCA 值，但对消费者来说，它们是不同的，外壳不仅仅是外壳，甚至敲击它的声音也是消费者印象和感觉的一部分。因此，如果产品的环境性能很好，而不能满足消费者的需要，特别是附加价值的需要，这也不是可持续发展策略

（6）LCA 应用举例。

表 2-10 列举了 LCA 在丹麦的应用实例（1996 年）。

表 2-10　LCA 在丹麦的应用实例（1996 年）

组织	应用	例子
政府机构	社团活动计划	纸张焚烧和回收的比较
		可回收玻璃瓶和其他饮料容器的比较
		工业产品的分级
	公众购买的环境行为	汽车、工作服、公司设施
	用户信息	环境标志
	建立环境关注	识别环境改善情况
		基于产品定位的环境策略
		环境管理

组织	应用	例子
政府机构	设计选择	概念设计
		元件选择
		材料选择
		工艺选择
	环境类文件	用户的环境信息
消费组织	环境协调消费指南	生态标志
	社团活动的生命周期评价	生态或传统农业，运输系统

2. 社会生命周期评价

社会生命周期评价（Social Life Cycle Assessment，SLCA）用于评估产品生命周期内潜在的积极社会影响或消极社会影响，帮助利益相关者评估产品生命周期、相关价值链和组织的社会与社会经济影响。SLCA 最早由联合国环境规划署/环境毒理学与化学学会（Society of Environmental Toxicology and Chemistry，SETAC）于 1993 年提出。为了详细介绍 SLCA 框架体系，SETAC 编制并于 2009 年出版了《产品社会生命周期评价指南》（*Guidelines for Social Life Cycle Assessment of Products*），作为 SLCA 应用的参考文件。

该指南详细阐述了社会生命周期评价的背景和关键概念，提供了评价的重要元素和操作指导。它特别强调了需要进一步研究的领域，这些研究与评估产品生命周期中的社会与社会经济影响相关。社会和社会经济生命周期评估是一个社会影响（和潜在影响）评估技术，其目的是评估产品的社会和社会经济方面及其在整个生存周期中潜在的积极和消极影响，包括原材料的提取和加工、制造、分销、使用、再使用、维护、回收和最终处置。

2020 年，SETAC 对《产品社会生命周期评价指南》进行了更新，不仅补充了内容，还新增了对社会组织生命周期评价（SO-LCA）的考虑，这一新增内容将产品的社会影响与社会组织在产品生命周期中的作用联系起来。SLCA 的应用从最初的学术研究小圈子扩展到涵盖行业、政策制定者和企业的广泛利益相关者。2020 年更新的《指南》实现了两个目标：① 使得这些利益相关者无须预先了解 SLCA 的专业知识，就可以掌握更新的《指南》内容，更好地参与决策过程；② 强调提供正确工具给决策者，以支持他们的决策。

另外，2020 年的 SLCA 国际标准也强调了多样化的方法应用，不同的 SLCA 方法因其目的和应用的不同而有所差异。这些标准不是提供一条固定的路径，而是展示了各种方法的优势和面临的挑战，每个部分都详细定义了主要步骤，并提供了实际示例，引导用户查找更多资源和参考资料，以适应不同的问题和需求。

SLCA 的评估技术框架包括确定目标与范围、清单分析、影响评价和结果解释 4 个部分。

（1）确定目标与范围。SLCA 的实施首先需要明确该研究的目的、预期用途和研究范围，以确保研究满足预期。研究范围包括研究的深度和广度问题、限定评价范围以及信息收集和分析的详尽程度，并且界定数据的来源和处理信息的方法，以及研究结果的应用方向。

（2）生命周期清单分析。清单分析阶段是收集数据以量化所研究产品社会影响的过程，将社会影响转换为便于分析比较的半定量和定量数据。清单分析通常需要收集数据的利益相关者，包括工人、消费者、当地社区、社会、价值链参与者和儿童。评价影响因素与人权、工作条件、文化遗产、贫困、疾病、政治冲突、本土权利等密切相关。

（3）生命周期影响评价。影响评价阶段是将生命周期清单分析阶段得到的数据通过一定的方法模型标准化到一定数值范围，此阶段分为3个步骤：① 选择表征方法与模型；② 将清单数据与影响类别、子类别关联；③ 计算子类别指标特征化结果。

（4）生命周期结果解释。结果解释是得出结论并生成报告的过程，报告需公开透明、内容完整，主要步骤为：① 识别重大问题；② 对研究进行评估；③ 报告利益相关者参与情况；④ 提出结论与建议，生成详细报告。

报告中指出的重大问题为研究过程中筛选出的社会热点问题，也包括研究过程中遇到的关键问题、研究限制、结果假设等。

3. 绿色度评价方法

绿色度评价方法是一种能将定性分析和定量分析相结合，将人的主观判断用数量形式表达和处理的系统分析方法。绿色度评价方法一般以层次分析法（the Analytic Hierarchy Process，AHP）作为基本评价基础，采用了专家小组讨论、问卷调查、回归分析、加权平均法、模糊评价等方法。

（1）评价指标体系。

通过对产品的基本属性、经济性和环境友好性进行综合分析，建立较为完善的评价指标体系和科学的评价方法，并以此来评价产品的绿色程度。评价指标体系内容如表2-11所示。

表2-11 评价指标体系内容

一级指标	二级指标	三级指标	四级指标	五级指标
绿色设计评价指标体系	技术属性	功能性	主要功能、辅助功能	具体指标层,它因产品不同而不同
		技术先进性	可制造性、可拆卸性、回收处置、安全性、互换通用性、包装运输性	
	经济属性	生产成本	原材料成本、设计开发成本、制造成本、包装运输成本	
		使用成本	运行成本、维护成本	
		处置成本	回收再生、修复重用、废弃处理、污染处置	
	环境属性	能源消耗	电能、燃料	
		资源消耗	资源消耗量、重用性、再生性	
		大气影响	破坏臭氧物质、温室气体、烟尘、酸雨物质	
		水体影响	生物参数指标	
		土壤影响	气体排放物、液体排放物、固体排放物	
		人体危害	噪声、粉尘、辐射、毒害	

上述的评价指标中有很多是用语言表述的，也就是说既有定量指标又有定性指标，是一个复杂的评价系统。因此绿色度评价方法应该是一种能将定性分析和定量分析相结合，将人的主观判断用数量形式表达和处理的系统分析方法。

（2）相对重要性标度的假设。

在进行层次分析时，首先要根据建立的评价体系进行重要性的分析，这样便可以比较下一层中（例如 B_i, $i=1, \cdots, n$）与上一层（例如 A_k, $k=1, \cdots, m$）中所选定的某因素有关的各因素 B_i 和 B_j 的相对重要程度。层次分析法是通过因素间的两两对比来描述因素之间的相对重要程度的，即每次只比较两个因素，而衡量相对重要程度的差别用 1～9 给定。具体的打分方法参考下面的描述。

甲因素与乙因素相比，具有同样的重要性，则甲、乙的分值均为 1。

甲因素与乙因素相比，甲比乙稍微重要些，则甲的分值为 3，乙的分值为 1/3。

甲因素与乙因素相比，甲比乙明显重要，则甲的分值为 5，乙的分值为 1/5。

甲因素与乙因素相比，甲比乙重要得多，则甲的分值为 7，乙的分值为 1/7。

甲因素与乙因素相比，甲的重要性占压倒优势，则甲的分值为 9，乙的分值为 1/9。

具体的分值应根据问卷和专家小组调查，由项目组确定。

（3）建立重要性矩阵求出总的综合权重。

通过上述的两两比较，就得到重要性矩阵。对于 A 层的第 k 个评价目标 A_k，就有如下形式的重要性矩阵 $A_k = [b_{ij}]$：

A_k	B_1	B_2	$\cdots$	B_n
B_1	b_{11}	b_{12}	$\cdots$	b_{1n}
B_2	b_{21}	b_{22}	$\cdots$	b_{2n}
$\vdots$	$\vdots$	$\vdots$	$\vdots$	$\vdots$
B_n	b_{n1}	b_{n2}	$\cdots$	b_{nn}

因为 A 层一共有 m 个因素，这时就形成了 m 个不同阶数的判断矩阵。各元素 B_j 对 A_k 的权重向量为 $B_k = (b_1^k, b_2^k, \cdots, b_n^k)^T$，$B_k$ 可以通过求解方程 $A_k B_k = \lambda_{max} B_k$ 得到，λ_{max} 是矩阵 A_k 的最大特征值。如果上层 A 对中目标的权数为 $A = (a_1, a_2, \cdots, a_k)$，则 B_j 对评价目标的总权数为

$$W_j = a_1 b_j^1 + a_2 b_j^2 + \cdots + a_k b_j^k, \quad (j=1, 2, 3, \cdots, n)$$

故得到 B 层各个评价指标相对总目标的综合权重为：$W = (W_1, W_2, \cdots, W_n)^T$。

（4）综合评价。

根据专家的评分或用模糊评价法计算产品和方案对各个评价指标 B_j 的分值 S_j，总的评分 P 可以用加权平均法得到

$$P = W_1 S_1 + W_2 S_2 + \cdots + W_n S_n$$

分值越大说明方案或产品的绿色程度越高。

对一个产品的评价过程可以概括为如图 2-28 所示的流程。简而言之，LCA 经历了目的和范围的确定/清单分析/归一化，最后得到生态评价指数。

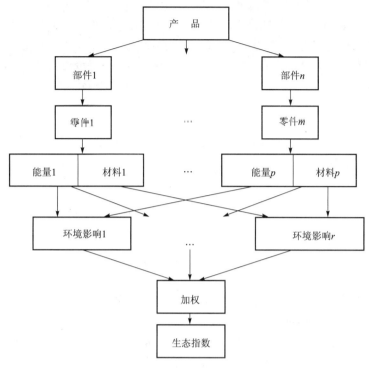

图 2-28 产品评价的 LCA 流程

3. 生态足迹、碳足迹和水足迹

生态足迹、碳足迹和水足迹既是一种分析方法，也是对环境有益的环境计算工具，并不是直接意义的绿色设计的评价方法。但是，通过生态足迹、碳足迹和水足迹的分析与计算，可以督促政府、企业界和公众转向并关注绿色设计与绿色产品。

（1）生态足迹。

生态足迹（Ecological Footprint）也称生态占用、生态痕迹、生态脚印、生态需要面积等，是一种衡量人类对地球生态系统与自然资源的需求的分析方法，它将人类对自然资源的消耗与地球生态涵容能力进行比较。该方法在 20 世纪 90 年代初由加拿大学者雷斯（Ress）提出，并由其博士生瓦克纳格尔（Wachernagel）完善其模型。其定义是：任何已知人口（某个人、一个城市或一个国家）的生态足迹是生产这些人口所消费的所有资源和吸纳这些人口所产生的所有废弃物所需要的生物生产面积（包括陆地和水域）。生态足迹将每个人消耗的资源折合成为全球统一的、具有生产力的地域面积，通过计算区域生态足迹总供给与总需求之间的差值——生态赤字或生态盈余，准确地反映不同区域对于全球生态环境现状的贡献。

生态足迹的计算是基于两个简单的事实：① 人类可以保留大部分消费的资源以及大部分产生的废弃物；② 这些资源以及废弃物大部分都可以转换成可提供这些功能的生物生产性土地。

生态足迹的计算方式明确地指出某个人、地区或国家使用了多少自然资源，并通过测定现今人类为了维持自身生存而利用自然的量来评估人类对生态系统的影响。

2004年，世界自然基金会（WWF）在《2004地球生态报告》中使用了"生态足迹"，指出全球生态足迹平均水平为2.2 hm²。同时列出了一份"大脚黑名单"，阿联酋、美国、科威特等位列其中。2019年，中国人均生态足迹为3.51 gha，人均生物承载力为0.8 gha。中国生态足迹总量为51亿gha，位居世界第一。中国拥有11.6亿gha的生物承载力，位居世界第三（仅次于巴西和美国），但人口数量也超过任何其他国家，人均生物储备赤字2.7 gha。部分国家的人均生态足迹如表2-12所示。

表2-12 部分国家的人均生态足迹

国家	阿联酋	美国	科威特	日本	中国	阿富汗
人均生态足迹/gha	8.87	7.78	7.76	4.24	3.51	0.89

（2）碳足迹。

碳足迹（Carbon Footprint）指的是机构或个人每日消耗能源而产生的排放对环境影响的指标。碳足迹这一术语出现的时间还不长，其准确的含义仍在发展变化中。已出现的定义从直接的CO_2排放到生命周期中的温室气体排放都存在，甚至测量的单位都不统一。

有学者认为，碳足迹起源于20世纪90年代生态足迹理论的形成。全球足迹网（http:www.footprintnetwork.org）将碳足迹定义为"生态系统通过光合作用吸收从化石燃料的燃烧中排放的CO_2的生物承载力需求"，就是将碳足迹视为生态足迹的一部分，将碳足迹解释为"化石燃料足迹"，即"吸收CO_2的土地或区域"。

然而，《PAS 2050规范》将碳足迹定义为"碳足迹是一个用于描述某个特定活动或实体产生温室气体（GHG）排放量的术语"，因而它是供各组织和个体评价温室气体排放对气候变化"贡献"的一种方式。"产品碳足迹"是指某个产品在其整个生命周期内的各种GHG排放，即从原材料一直到生产（或提供服务）、分销、使用和处置/再生利用等所有阶段的GHG排放。其范畴包括CO_2、CH_4和氮氧化物等温室气体以及其他类气体，其中包括氢氟碳化物（HFC）和全氟化碳（PFC）。碳足迹是生命周期评价（LCA）的子集，而生命周期评价是用来测算某一产品或服务所有排放的总和的一种方法。根据这一观点，碳足迹应该起源于生命周期评价的理论和思想。

2012年，国际标准化组织（ISO）将产品碳足迹定义为："产品碳足迹是指产品由原料取得、制造、运输、销售、使用以及废弃阶段过程中所直接与间接产生的温室气体排放总量。"

产品碳足迹、家庭碳足迹和企业碳足迹的测度方法一般采用生命周期评价法。国家、地区和经济体碳足迹的测度方法多采用投入产出分析法。

与减少碳足迹对应的是低碳经济，低碳经济是指以低能耗、低污染、低排放为基础的经济模式，其实质是通过能源高效利用、清洁能源开发来实现整个社会的绿色发展。

（3）水足迹。

水足迹（Water Footprint）指的是一个国家、一个地区或一个人，在一定时间内消费的所有产品和服务所需要的水资源数量,形象地说,就是水在生产和消费过程中踏过的脚印。"水足迹"的概念是由荷兰学者胡克斯特拉(Hoekstra)在2002年提出的。世界自然基金会(WWF)在2008年发布的《地球生命力报告》中首次引进这一概念。水足迹的概念可以清晰地反映一个人、一个国家或一个地区对水资源的真实需求和真实占有的情况。

水足迹包括国家水足迹和个人水足迹两部分。国家水足迹是指生产该国居民消费的物品和提供服务所需的水资源总量,包括用于农业、工业和家庭生活的河水、湖水、地下水(地表水和地下水)以及供作物生长的雨水。国家水足迹由两个部分组成:① 生产和提供用于国内生产消费的物品和服务的过程中所需要的水资源量为内部水足迹;② 消费进口物品产生的足迹为外部水足迹。部分国家的人年均水足迹如表2-13所示。个人水足迹是指一个人用于生产和消费的总水量。计算方法是将所有产品和服务的虚拟水(virtual-water)含量计算在一起(虚拟水不是真正意义的水,而是以"虚拟"的形式包含在产品中的看不见的水)。

表2-13 部分国家的人年均水足迹

国家	美国	法国	俄罗斯	以色列	巴西	英国	日本	印度	南非	中国
人均水足迹/($m^3 \cdot 年^{-1}$)	2 483	1 875	1 858	1 391	1 381	1 245	1 153	980	931	702
外部水足迹比例/%	19	37	16	74	8	70	64	2	22	7

思考与练习题

1. 产品全生命周期的模型是怎样的?
2. 选择一种产品,试列表分析其环境影响(参照表2-1)。
3. 怎样理解绿色产品的定义?
4. 绿色标志与绿色产品的关系是怎样的?
5. 怎样理解绿色设计的定义?
6. 生命周期评价方法的基本步骤是怎样的?
7. 绿色度评价方法的基本步骤是怎样的?

第3章 绿色产品材料的选择

3.1 产品材料对环境的影响

从产品全生命周期的角度进行分析,在原材料制备,产品制造加工、使用、回收处理的每一个过程中,材料都在直接地影响着环境。

1. 所用材料本身的制备过程对环境的影响

与工程材料(如钢铁、有色金属、塑料等)制备相关的行业包括冶金、化工等,这些行业都是造成环境污染的主要行业,因此,避免或减少选择制备过程中对环境污染大的材料,减少其需求量,对保护环境具有重要意义。

2. 材料在产品加工制造过程中对环境的影响

材料在产品加工制造过程中对环境造成的污染主要有以下几种情况。

(1)对材料进行加工的工艺对环境造成污染,如在机械加工工艺中,铸造、锻造、热处理、电镀、油漆、焊接等工艺对环境的影响都比较大,可尽量通过材料的选择避免采用这些工艺或选用先进的替代工艺。

(2)由于材料的性能导致可加工性差,在加工过程中产生了大量的切屑、粉尘以及超标的噪声等。

(3)材料中含有有毒有害物质,如卤素、重金属元素等,造成材料本身在加工或作为催化剂时对人体和环境造成危害。

3. 材料在产品使用过程中对环境的影响

许多产品在使用过程中不断地对环境造成污染,主要是由材料的原因引起的。例如,含氟电冰箱在使用过程中对环境造成污染是由于选用了氟利昂作为制冷材料,因为氟利昂会对大气臭氧层产生破坏,从而严重地影响环境。另外,还要避免材料在使用过程中对人体的伤害。

4. 材料在产品报废后对环境造成的影响

产品在报废后的处理通常是回收利用或废弃,因此,不便于回收利用的和废弃后难以降解的材料都将造成环境污染。例如,许多塑料制品使用后造成的白色污染问题,就是一个典型的例子。

3.2 绿色材料的内涵

3.2.1 绿色材料的起源和定义

在材料的提取、制备、生产、使用及废弃的过程中,常消耗大量的资源和能源,并排放大量的污染物,造成环境污染,影响人类健康。20世纪90年代初,世界各国的材料科学工作者开始重视材料的环境性能,从理论上研究、评价材料对环境影响的定量方法和手段,从应用上开发对环境友好的新材料及其制品。经过几年的发展,在环境和材料两大学科之间开创了一门新兴学科——环境材料。环境材料的特征:① 节约能源和资源;② 减少环境污染,避免温室效应和臭氧层破坏;③ 资源容易回收和循环再利用。

环境材料在欧美被称为环境友好型材料(Ecologically Beneficial Material),

或环境兼容性材料（Environmentally Friendly Material）。环境材料的含义主要还是材料及其制品对环境污染小或对环境友好等。在亚洲，主要是在中国和日本，汉语和日语有关环境材料的称谓比较相近，如环境材料、生态材料、绿色材料、生态环境材料、环境相容性材料、环境协调型材料或环境调和型材料等。1995年，在西安举行的第二届国际环境材料大会上，与会的国际材料界各方专家经讨论，一致同意将环境友好型材料的各种表达统一为"环境材料"的汉语称谓，这就是汉语"环境材料"名称的正式来源。

关于环境材料，目前还没有一个被广大学者共同接受的定义。1998年，由国家科学技术部、国家"863"高科技新材料领域专家委员会、国家自然科学基金委员会等单位联合组织在北京召开了一次中国生态环境材料研究战略研讨会。会上就环境材料的称谓、定义进行了详细的讨论，最后，各位专家建议将环境材料、环境友好材料、环境兼容性材料等统一称为"生态环境材料"，并给出了一个有关环境材料的基本定义："生态环境材料是指同时具有满意的使用性能和优良的环境协调性，或者能够改善环境的材料。"所谓环境协调性，是指资源和能源消耗少、环境污染小和循环再利用率高。部分专家认为，这个定义也不是很完整的，还有待进一步完善和发展。例如，环境材料除考虑环境性能和使用性能外，还应考虑经济性能。

3.2.2 绿色材料的特征

1. 绿色材料的特征

按照相关的研究报道和生态环境材料的要求，有学者将环境材料的特征归纳如下。

（1）节约能源：材料能降低某一系统的能量消耗。通过具有更优异的性能（如质轻、耐热、绝热性、探测功能、能量转换等）提高能量效率，即改善材料的性能可以降低能量消耗，达到节能目的。

（2）节约资源：材料能降低系统的资源消耗。通过更优异的性能（强度、耐磨损、耐热、绝热性、催化性等）可降低材料消耗，从而节省资源。例如，能提高资源利用率的材料（催化剂等）和可再生的材料也能节省资源。

（3）可重复使用：材料产品经过收集后允许再次使用的性质，仅需要净化过程如清洗、灭菌、磨光和表面处理等即可实现。

（4）可循环再生：材料产品经过收集并重新处理后作为另一种新产品使用的性质。收集产品视为原材料。

（5）结构可靠性：材料使用时具有不会发生任何断裂或意外的性质，是通过其可靠的机械性能（强度、延展性、刚度、硬度、蠕变等）实现的。

（6）化学稳定性：材料在很长的使用时间内通过抑制其在使用环境中（暴风雨、化学、光、氧气、水、土壤、温度、细菌等）的化学降解实现的稳定性。

（7）生物安全性：材料在使用环境中不会对动物、植物和生态系统造成危害的性质。不含有毒、有害、导致过敏和发炎、致癌和环境激素的元素和物质的材料，具有很高的生物学安全性。

（8）有毒、有害替代：可以用来替代已经在环境中传播并引起环境污染的材料。因为已经扩散的材料是不可收回的，使用具有可置换性的材料是为了防止进一步的污染。如 CH_2ClF（氯氟甲烷）的替代材料、生物降解塑料等都有很高的可置换性。

（9）舒适性：材料在使用时能给人提供舒适感的性质，包括抗振性、吸收性、抗菌性、湿度控制、除臭性等。

（10）环境清洁、治理功能：材料具有的对污染物分离、固定、移动和解毒以便净化废气、废水和粉尘等的性质，也包括探测污染物的功能。

2. 生态环境材料的合成和加工工艺的特征

对于生态环境材料的合成与加工工艺（也称作绿色工艺），根据其特征，可分为4类。

（1）能源节约工艺：能够通过提高能源效率或降低能量消耗但又不损害生产率来节省能量的加工方法，也包括热能循环。

（2）资源节约工艺：能够通过提高材料的效率或降低材料的消耗但不损害生产率来节省资源的加工方法。

（3）降低污染的加工技术：能够降低污染物（如废气、废液、有毒副产品和废渣等）排放但又不损害生产率的加工技术。

（4）净化环境的加工技术：能够净化有害物质（如废气、废液和有毒副产品），净化已经污染的空气、河流、湖泊和土壤等的加工技术。

通过多年研究，材料工作者较为普遍接受的观点为：生态环境材料应是同时具有满意的使用性能和优良的环境协调性，或者是能够改善环境的材料。

3.2.3　生态环境材料的应用及发展

生态环境材料的研究无论是在材料的环境协调性评价方面，还是在具体生态环境材料的设计、研究与开发方面，都取得了重要进展。

1. 材料的环境协调性评价方法及其应用

日本于1995年成立了JLCA（the Life Cycle Assessment to Japan，JLCA）协会，由通商产业省支持，涉及15个主要的工业领域，已对一些典型材料进行了环境协调性评估。JLCA协会从1998年开始在通产省资助下，启动了国家的LCA（National LCA Proiect in Japan）计划。该计划5年内投入8.5亿日元，有23家主要工业企业协会、公司和政府研究机构以及大学参与，旨在建立适合日本国情的材料环境负荷评价方法、LCA数据库和实用的网络系统，以指导和推进全日本材料及其制品产业的环境协调化发展。

德国一个研究所利用物质流分析的方法研究了某些国家、地区以及典型材料和产品（如铝、建材、包装材料等）的物质流动和由此产生的环境负荷，用于指导工业经济材料及产品生产的环境协调发展。

奥地利、加拿大、法国、德国、荷兰、美国以及一些北欧国家和许多国家和世界经济与合作组织、国际标准化组织等国际组织都将LCA作为制定标志或标准的方法。在评价中已涉及的材料有交通运输材料（如汽车材料）、包装材料、建筑材料、自行车材料及其他材料。

LCA的研究与应用不仅依赖于标准的制定，更主要的是依赖于评估数据与结果的积累。在绝大多数的LCA个案研究中，都需要一些基本的编目分析数据，例如与能源、运输和基础材料相关的编目数据，而这方面的工作量十分巨大。不断积累评估数据，并将这些数据建成数据库，在LCA研究中是非常重要的工作。截至2000年，世界上有10多个由不同国家、组织或研究机构建立的、有影响力的材料生命周期评价数据库，这些数据库在LCA研究中发挥着重要作用。

2. 生态环境材料的设计、研制与开发

国际上生态环境材料的研究已不局限于理论上的研究，众多的材料科学工作者在研究净化环境、防止污染、替代有害物质、减少废弃物、利用自然能和材料的再资源化等方面做了大量的工作，并取得了重要进展。

日本的知名企业，如佳能、东芝、日立、富士、索尼等，德国的西门子等，从产品的材料和技术的开发等角度一直关注生态效率和资源环境效率，使其开发的新产品不仅具有经济效益，还具有环境效益，以保持未来的市场竞争力。美国的著名公司也在实施相应的研究发展计划，如 IBM 公司的"环境设计计划"、道化学公司的"减少废弃计划"等。总部设在日内瓦的零排放研究组织经过研究和实践，认为在生产过程中实施零排放是提高资源效率、改善环境污染的有效措施之一，特别是对材料的再生产，将所有原料进行充分利用，达到零废物、零排放，是 4 倍因子或 10 倍因子理论的具体实践。该组织已在全世界几十个国家实施了 40 多个研究和示范项目，证明零排放在技术上是可以实现的。

在钢铁产业中，直接还原铁工艺与高炉炼铁工艺相比，原料种类比较简单，只用铁矿石、煤和石灰石 3 种物料，省去了高炉炼铁工艺中的烧结、焦化工序，缩短了炼铁生产工艺流程，大大降低了生产过程中的环境负荷。短加工流程的开发应用，极大地降低了生产过程中的能耗。

在生态建材方面，已发展了多种无毒、无污染的建筑涂料，如水溶性涂料、粉末涂料、无溶剂涂料等。有一种用于卫生陶瓷表面的涂层材料，不但具有普通陶瓷表面釉质的一般性能（如耐磨、光亮），还具有杀菌、防霉的作用。在水泥工业中，环境协调性设计也具有广泛的应用前景。例如，利用可燃废料（包括废轮胎、废塑料等）替代部分煤来煅烧熟料，不但可以显著降低水泥生产能耗，而且起到了防止污染、保护环境的作用。目前具有广泛应用前景的绿色高性能混凝土，不但更多地节省了水泥熟料，而且能更多地掺加以工业废渣为主的活性细掺料，使材料能更大地发挥高性能优势，减少水泥和混凝土的用量。此外，像生态资源材料、环境净化材料、环境修复材料、环境降解材料等也都处于大力研究开发之中。

随着信息技术的发展，电磁波对人类生存环境的污染越来越受到关注。为了减少电磁波对人体的辐射污染，大量的研究集中在开发有效的屏蔽措施方面。目前电磁波防护材料主要有两类：① 吸波材料；② 反射材料。在防治城市汽车尾气污染方面，汽车尾气净化材料的开发也已成为热点。

3. 环境材料在我国的发展前景

在我国目前和未来的相当一段时期内，生态环境材料的研究应分为几个层次，主要有：全民特别是材料界的观念意识改变（如宣传和教育问题）；宏观上的国家行为（如立法、立规等问题）；国家就有关生态环境材料的科学计划问题（包括基础研究、高技术研究、攻关等科技和经济发展计划，都需支持生态环境材料的发展）；在教育、学科建设等方面，要培养交叉学科人才；建立相应的组织和学术团体，加强生态环境材料方面的交流与合作等。

近年来，我国已实施了原国家教委的重点基金项目和"863"高技术项目以及国家自然科学基金等项目，开展生态环境材料学的应用基础研究。我国材料科学工作者已对生态环境材料学及其相关的问题展开了广泛研究，努力探索，制定了适合中国国情的材料可持续发展的行动计划，并在政府的支持与指导下逐步实施。

总之，关于生态环境材料的以下几点已为世界公认。

（1）材料的环境性能将成为21世纪新材料的一个基本性能。

（2）在21世纪，结合ISO 14000标准，用LCA方法评价材料产业的资源和能源消耗、"三废"排放等将成为一项常规的评价方法。

（3）结合资源保护、资源综合利用，对不可再生资源的替代和再资源化研究将成为材料产业的一大热门。

（4）各种生态环境材料及其产品的开发将成为材料产业发展的方向。

生态环境材料对于保持资源平衡、能量平衡和环境平衡，实现社会和经济的可持续发展，有着重要的意义。其中，完善材料环境协调性评价的理论体系，开发各种环境相容性新材料及绿色产品，研究降低材料环境负荷的新工艺、新技术和新方法等，已成为21世纪材料科学与技术发展的主导方向。

3.3 绿色设计中的材料选择

绿色设计中的材料选择是绿色产品设计中的重要环节。传统设计方法中的材料选择仅仅考虑材料性能与零件设计功能的适应性。绿色设计对产品提出了更高的要求，产品不仅应满足功能、使用性能以及经济性要求，还应能有效地保护环境，即具有很好的环境协调性。所以，在设计阶段，必须对产品材料进行认真选择。影响产品材料选择的因素很多，在这里可以依据《机电产品绿色设计理论及方法》中的内容，将绿色设计中的材料选择原则归纳为材料的技术性原则、材料环境协调性原则以及材料经济性原则。

1. 材料的技术性原则

材料的技术性主要包括材料的力学性能（强度、延展性、硬度、耐磨性等）、物理性能（密度、导热性、导电性、磁性等）和化学性能（抗氧化性、抗腐蚀性等）。根据产品的功能、性能以及工作环境等方面的要求，材料选择通常应考虑下面几个方面的因素。

（1）根据工作载荷的大小和性质，应力的大小、性质及其分布状况来选择。

该因素主要是从强度的角度出发考虑问题，因此，应在充分了解材料的机械性能的前提下进行选材。例如，脆性材料原则上只适用于制造在静载荷下工作的零件；而在有冲击的情况下，就应以塑性材料作为主要的使用材料。在静应力下工作的零件，应力分布均匀（拉伸、压缩和剪切）时，宜选用组织均匀、屈服极限较高的材料；应力分布不均匀（弯曲、扭转）时，宜采用热处理后在应力较大部位具有较高强度的材料。

（2）根据零件的工作环境选择。

零件的工作环境是指零件所处的环境特点、工作温度、摩擦磨损的程度等。

接触腐蚀介质的零件，其材料应有良好的防锈和耐腐蚀的能力，如选用铜合金、不锈钢等材料。

工作温度对材料选择也有影响：一方面要考虑互相配合的两个零件材料的线膨胀系数不能相差太大，以免在温度变化时产生过大的热应力，或者使配合松动；另一方面也要考虑材料的机械性能随温度改变的情况，例如，当零件在高温状态下工作时，除了要求材料满足静强度外，还要求其蠕变极限和持久强度足够高，且能抗高温氧化。

为了延长零件的使用寿命，必须提高其在工作中易磨损之处的表面硬度，以增强耐磨性，因此，应选择适于表面处理的渗碳钢、氮化钢、淬火钢等材料。

（3）根据零件的尺寸选材。

零件的尺寸大小与材料的品种及毛坯制取方法有关。例如，选用铸造材料制造毛坯时，一般可以不受尺寸的限制；而用锻造材料制造毛坯时，则必须注意锻压设备的生产能力。另外，零件尺寸的大小还与材料的强重比有关，应尽可能选择强重比大的材料，以便减小零件的尺寸。若零件尺寸取决于接触强度，则应选用可进行表面强化处理的材料。

（4）根据零件结构的复杂程度选材。

结构复杂的零件宜选用铸造毛坯，或用板材冲压出元件后再经焊接而成。结构简单的零件可用锻件或棒料。

（5）根据材料的工艺性能选择。

在单件和小批量生产条件下，材料工艺性能对选材的影响并不十分突出，而在大批量生产中，由于希望达到最佳经济规模，材料工艺性能通常是选材的决定性因素之一，如表3-1所示。

表3-1 材料工艺性能的选择

工艺性	说 明
铸造性	铸造性包括流动性、收缩性、偏析倾向以及产生热裂、缩孔、气孔的倾向等。不同金属材料的铸造性能差异很大，如铸铁的铸造性比锻钢好
压力加工性	压力加工性包括冷锻、热锻、轧、辗、冷挤压和冷拔性能等。一般低碳钢的压力加工性较高碳钢好，碳素钢的压力加工性比合金钢好
焊接性	焊接材料的工艺性是指材料的可焊接性及焊缝产生裂纹的倾向性等。具有良好的焊接性才能保证不低于相连材料本身强度及韧性的接头性能。在实践中，可通过控制成分的碳含量或焊接裂缝敏感性来保证钢材的焊接性
可切削加工性	一般用切削抗力大小、零件表面粗糙度、材料硬度以及刀具磨损程度等来衡量其优劣。例如，由于易切削钢较同类钢有较好的可切削性，因此，对需大量切削的结构零件应尽可能采用易切削钢
热处理工艺性	热处理工艺性包括淬硬性、淬透性、淬火变形开裂倾向、过热敏感性、回火稳定性、氧化脱碳倾向等
材料相容性	复合材料的增强纤维与基体必须有良好的相容性，通常用二者的表面张力来衡量；对于使用胶黏剂的材料，也要考虑二者的相容性。在工程上有时采用涂过渡层来弥补相容性不足

2. 材料的环境协调性原则

材料的环境协调性原则是绿色产品设计过程中材料选择的重要依据之一。材料的环境协调性原则是指材料在其生命循环周期内节省能源、节省资源、保护环境、保护劳动者的程度。材料的环境协调性原则包括以下几点。

（1）材料的最佳利用原则。

提高材料的利用率，不仅可以减少材料浪费，解决资源枯竭问题，而且可以减少排放，减少对环境的污染。

尽量选择绿色材料和可再生材料，使材料的回收利用与投入比率趋于1。产品报废后的资源的有效回收利用对解决目前所面临的资源枯竭问题是非常重要的。

（2）能源的最佳利用原则。

在材料生命周期中应尽可能采用清洁型可再生能源（即绿色能源），如太阳能、风能、水能、地热能等。

遵循材料生命周期能量利用率最高原则，使输出与输入能量的比值最小。

（3）污染最小原则。

在材料生命周期全过程中产生的环境污染最小。选择材料时必须考虑其对环境的影响，严重的环境污染会给人类乃至整个生物圈造成巨大的损害。

（4）对人体健康损害最小原则。

在材料生命周期全过程中对人体健康的损害最小。在选择材料时必须考虑其对人体健康的损害，通常应注意材料的辐射强度、腐蚀性、毒性等。

3. 材料的经济性原则

材料的经济性原则不仅指优先考虑选用价格比较便宜的材料，而且要综合考虑材料对全程制造、运行使用、产品维修乃至报废后的回收处理成本等的影响，以达到最佳技术经济效益。材料的经济性原则主要表现在以下两方面。

（1）材料的成本效益分析。

在绿色设计中，产品的成本应该由材料生命周期成本来表示。显然，降低材料生命周期成本对制造者、使用者和回收者都是有利的。材料的成本的主要内容和说明及举例如表3-2所示。

表3-2 材料的成本的主要内容和说明及举例

主要内容	说明及举例
材料本身的相对价格	当用价格低廉的材料能满足使用要求时，就不应该选择价格高的材料，这对于大批量制造的零件尤为重要
材料的加工费用	例如制造某些箱体类零件，虽然铸铁比钢板价廉，但在小批量生产时，选用钢板焊接反而较为有利，因为其可以省掉铸模的生产费用
材料的利用率	例如采用无切削和少切削毛坯（如精铸、精锻、冷拉毛坯等），可以提高材料的利用率。另外，在设计结构时也应设法提高材料的利用率
采用组合结构	例如火车车轮采用组合结构，是在一般材料的轮芯外部套上一个硬度高、耐磨损的轮箍，这种选材的原则又称局部品质原则
节约稀有材料	例如用铝青铜代替锡青铜制造轴瓦，用锰硼系合金钢代替铬镍系合金钢等
回收成本	随着产品回收的法制化，材料的回收性能和回收成本也就成了设计中必须考虑的一个重要因素

（2）材料的供应状况。

选材时还应考虑当时当地材料的供应情况，为了简化供应和储存的材料品种，应尽可能地减少同一部机器上使用的材料品种。

3.4 产品材料选择的案例分析

3.4.1 可降解塑料的性能和应用

未被回收处理的塑料袋、塑料瓶和塑料包装等各种塑料制品在被人类遗弃在陆地上或抛入海洋中后，由于太阳光照射、氧化、物理摩擦或动物啃食，逐渐变得易碎并开始缓慢分解，其尺寸因不断分解而变得非常细小，最终成为无法降解的微塑料颗粒。塑料碎片和微塑料颗粒随天气、动物啃食等原因随处扩散，进入到水资源、土壤甚至飘散至空气中，直至进入动物和人体中。因此，不可降解塑料制品不但对自然环境造成严重污染，还会通过食物链进而危害人类健康。

为了缓解塑料制品广泛使用造成的环境污染，人们逐渐使用可降解塑料代替传统塑料。根据后期处理方式的差异，可降解塑料主要分为四大类：光降解塑料、生物降解塑料、化学降解塑料、光/氧—生物复合降解塑料。其中，生物降解塑料的应用最为广泛。光降解塑料、光/氧—生物复合降解塑料由于技术不成熟、成本高等因素导致产品类型较少。

当前我国市场上应用最广的可降解塑料是 PLA（聚乳酸）和 PBAT（聚己二酸/对苯二甲酸丁二醇酯），其性价比与其他可降解塑料相比具有显著优势，而 PHA（聚羟基脂肪酸酯）因其突出的生物溶解性能在医疗市场上具有不可替代的作用。

1. 可降解塑料的性能

淀粉基塑料机械性能较差且透明度低，是综合性能最低的可降解塑料。之后发展的 PLA、PHA、PBAT、PBS（聚丁二酸丁二醇酯）等生物降解塑料性能比淀粉基塑料更好。可降解塑料的降解方式及速率对比如表3-3所示。

表3-3 可降解塑料的降解方式及速率对比

材料	降解方式及速率
淀粉基塑料	厌氧堆肥条件（58℃）：90天降解率85% 厌氧堆肥条件（23℃，55%湿度）：72天降解率26.9% 土壤环境中（20℃，60%湿度）：110天降解率14.2%
PLA	工业堆肥条件（58℃以上，有氧菌群）：58天降解率84% 厌氧堆肥条件（58℃，60%湿度）：30天降解率60%
PHA	土壤环境中（35℃）：60天降解率35% 在自然环境条件下即可降解，且降解时间可控
PBS	厌氧堆肥条件（58～65℃，50%～55%湿度）：160天降解率90%
PBAT	湿度足够土壤条件下：5个月可完全降解 模拟海水条件（25℃±3℃）：30～60天可完全降解

可降解塑料的应用要综合考量不同材料的耐热性、机械和加工性能。从制作硬质产品的需求出发，PLA（聚丙交酯）具备较高的硬度和高透明性，

是理想的透明容器和管材制造原料，但耐水解性能低；从制造软质产品的角度，PBAT 兼具 PBA（聚己二酸丁二醇酯）和 PBT（聚对苯二甲酸丁二醇酯）的特性，性能接近传统石油基塑料，具备较好的延展性和断裂伸长率，成膜性能良好，PBS 与其性能接近。综合来看，PBAT、PLA 等的性能与普通的日用消费级塑料已经比较接近。常用可降解塑料的性能对比如表 3-4 所示。

表 3-4 常用可降解塑料的性能对比

性能	淀粉基塑料	PLA	PHA	PBS	PBAT
耐热性能	较低	较高	高	高	高
成膜性能	较好	差	较好	较好	良好
硬度	较低	高	低	较低	低
力学强度	适中	较高	高	高	高
耐水解性能	适中	低	高	高	高
透明性	低	高	低	低	低
生物相容性	好	好	好	好	好

2. 可降解塑料的应用

可降解塑料主要应用于餐饮外卖、生物医疗、农业等领域。① 我国政策出台推动可降解材料的应用：在餐饮领域，全国范围禁止使用不可降解一次性塑料吸管，限制不可降解一次性塑料餐具的使用；在农业领域，禁止生产和销售厚度小于 0.01 mm 的聚乙烯农用地膜，鼓励研发生产使用生物降解薄膜；在医疗领域，重点发展全降解血管支架等高值医疗器械。② 性能改良推动可降解材料的应用：PLA 具有一定的耐菌性、阻燃性和抗紫外的能力，因此可用于医用绷带、一次性手术衣、医疗固定装置、室外装置物等方面；PBAT 因其良好的延展性和断裂伸长率而具有较好的成膜性，易于吹膜，在包装领域和农业领域应用广泛，已用于一次性餐具、超市购物袋和地膜等。

（1）可降解塑料在生物医疗领域的应用

技术和价格等因素是可降解塑料在医疗领域突破的最大难点。可降解塑料在生物医疗领域主要用于一次性医药耗材和医用人体修复材料，以 PLA、PHA、PCL（聚己内酯）为主。我国可降解塑料在手术缝线方面的应用已经比较广泛，但是受限于技术、价格和面对特殊人群（病人）等因素，目前可降解塑料在生物医疗领域的应用远远没有食品、农膜等领域广泛。2011 年，可降解支架面世；2019 年，我国研制的 PLA 降解冠脉支架在国内获批上市，未来在量产后规模有望大幅提升。在植入式矫形器械产品方面，国外早在 2010 年就已有相关技术，目前美国食品药品监督管理局（FDA）已批准一种由 4 种不同塑料加工成的复合型可降解生物材料，它适用于制作从人工关节、人造骨头、骨夹板到骨螺丝等多种植入式矫形器械产品，在体内一般可在 6~12 个月内缓慢降解。

（2）可降解塑料在餐饮外卖领域的应用

随着居民收入水平和消费意愿的增长以及城镇化率的快速提升，2020 年全国餐饮外卖市场总订单量达到 171.2 亿笔，2023 年为 366 亿笔。2020 年出台的《关于进一步加强塑料污染治理的意见》，宣布到 2025 年地级以上城市餐饮外卖领域不可降解一次性塑料餐具消耗强度下降30%，到2020年年底全国范围餐饮行业禁止使用不可降解一次性塑料吸管。据统计，2021年我国可降解包装袋和包装盒的渗透率分别为6%和0.1%；随着可降解塑料在餐饮外卖市场应用规模的增加，预计2025年可降解包装袋和包装盒的渗透率分别为30%和50%。随着国家政策的渐进推动和可降解材料行业的不断发展，餐饮外卖行业的包装袋、包装盒采用可降解材料是必然之势。可降解、性能好的PLA吸管能够最大程度上满足政策和消费者的需求，成为越来越多商家的选择。不同材料吸管的成本及性能对比如表3-5所示。

表3-5 不同材料吸管的成本及性能对比

项目	成本及性能对比
成本	以23~24 cm长度的吸管为例，报价：塑料吸管（PP吸管）0.05元/根，PLA 0.2元/根
使用感/性能	用户体验感：塑料吸管≥PLA吸管，主要考虑触感和异味 耐高温性能：塑料吸管＞PLA吸管，大部分PLA吸管无法耐受高温 耐水性能：塑料吸管≥PLA吸管
环保节能	可降解：塑料吸管不可降解，PLA吸管可以降解 碳排放：PLA吸管＜塑料吸管，制造1 kg PP塑料排放2 kg CO_2，制造1 kg PLA排放1.8 kg CO_2 原材料：PLA的原材料为可再生的淀粉，塑料吸管以不可再生资源石油为原材料

（3）可降解塑料在日常消费品包装中的应用

目前，国内已有多家企业拥有或未来预计拥有PLA/PBAT产能。可降解塑料PLA和PBAT可应用于食品包装（食品袋、超市购物袋、快餐餐具）、快递包装（塑料包装袋、塑料胶带、一次性塑料编织袋）、化妆品/护肤品包装等多个日常消费领域中。

（4）可降解塑料在农业领域的应用

农用塑料薄膜在促进农业增产和增收方面发挥了重要作用，使用农膜可将种植作物生产率提升20%~50%。我国农膜使用量巨大且逐年不断增加，从1991年的64.2万t增长到2017年的252.8万t。但农膜长期大量使用和缺乏有效的回收处理不仅导致"白色污染"加剧，而且会影响经济效益。据统计，连续使用农膜2年以上的小麦田，每公顷残留农膜碎片103.5 kg，小麦减产9%；连续使用5年的小麦田，每公顷残留农膜碎片达375 kg，小麦减产26%。而最终降解产物为二氧化碳和水的可降解农膜，可从源头上治理农膜污染且保证作物质量。2020年9月，我国实施《农用薄膜管理办法》，其中明确提出"鼓励和支持生产、使用全生物降解农用薄膜"。2021年可降解地膜的试验及使用量约为1.2万t，占地膜总使用量的1%。目前可降解农膜基本处于试验改进技术阶段，主要劣势在于其性能问题和性价比较低。根据中国塑协农膜专委会、国家农业部的研究，未来几年内可降解农膜的推广和应用有赖于技术进步和政策补贴，预计到2025年产能扩大、成本下降，渗透率可达15%。

3. 可降解塑料的发展趋势

目前，可降解塑料产业发展面临以下困境。

（1）可降解塑料的成本高于传统塑料，可降解塑料产业有待降本提效。

（2）国内掌握生物降解塑料技术的企业不多，而且在关键环节与国外企业相比仍有较大差异，产能更是有待提升。

（3）多数可降解塑料的降解基于工业堆肥集中处理或特定的温度、湿度、菌类等条件，而在实际使用后，能否有效地收集可降解塑料并满足降解的环境条件还有待验证。

由此，可降解塑料的发展趋势预测如下。

（1）技术突破和成本下降，如丙交酯技术的突破宜于PLA生产，产能释放推动成本下降。

（2）拓展应用领域，产能、技术和成本三方的同步优化将赋能可降解多样化应用，如可降解塑料若能够实现性能的大幅提升，中长期有希望替代工业级塑料，应用在3D打印、生物、电子和涂料等领域，而工业领域的高需求量和高技术工艺要求，都有赖于产能、技术和成本三方的同步优化。

（3）中国可降解塑料产能正在进入快速扩张期，不仅能满足国内市场需求，同时能供应国际市场。

3.4.2 美国Acushnet橡胶公司有毒物质的减量

1. 概况

Acushnet橡胶公司有900名雇员，它位于美国马萨诸塞州新贝德福德（New Bedford）。该公司是马萨诸塞州第一个获得ISO 14001证书的公司，也是世界上第一家同时通过ISO 14001、ISO 9001、美国汽车业QS-9000质量标准认证的公司。

Acushnet橡胶公司设计和制造的人造橡胶产品，在汽车、办公用品、高性能O形封条等重要的工业市场中发挥着特定的作用。Acushnet橡胶公司的产品包括风挡刮水器、刹车配件、激光打印机和复印机的清洁刮板等聚氨酯产品。主要的生产工艺包括橡胶封口胶的混合和固化、喷涂、抛光，橡胶和金属组件的成型和黏合等。

2. 有毒物质减量计划

Acushnet橡胶公司在对生产过程和原材料的环境影响评估方面做了许多工作，通过实施有毒物质减量计划和水资源、能源的节约计划，Acushnet橡胶公司每年能够节约200万美元。有毒物质减量计划中比较成功的项目包括削减TCE（三氯乙烯）、削减CH_2Cl_2（二氯甲烷）、脱模剂替代、氧化锌配送系统、水资源、能源节约等。

（1）削减TCE。

TCE主要用在蒸发去油污过程中。该公司TCE的使用从1989年的18.14 t下降到1996年的4.54 t以下，单位产品使用的TCE也减少了50%。

Acushnet橡胶公司通过员工再培训、一系列的设备改造和安装一批溶剂蒸馏器来削减TCE。员工再培训是指工人在培训时被告知在不使用脱脂器时要把机器关掉，这样也有助于减少TCE的排放。对脱脂器的改造主要包括安装额外的冷却器、温度控制以及增加干舷的高度。

为了进一步削减TCE，1995年，Acushnet橡胶公司决定让供货商在冲压配件时减少重油的使用，改用轻油进行加工。因为供货商改用轻油后，Acushnet橡胶公司就不再需要去油污，所以可以完全停止使用TCE。由此，

Acushnet 橡胶公司每年可以节约 2 万美元的原料费、5 万美元的人工费、1.4 万美元的能源费。另外，还能削减化学品追踪、有毒原材料处理培训等方面的费用，每年总共能节约 10 万美元。

（2）削减二氯甲烷。

Acushnet 橡胶公司用二氯甲烷来清洗混有聚氨酯的器皿和净化管。1991 年，Acushnet 橡胶公司需要使用 13.61 t 的二氯甲烷，同时清洗的过程每年还产生 9 t 废气。由于二氯甲烷在《职业安全与健康法》和《职业安全与卫生条例》中是涉嫌致癌的物质，同时二氯甲烷已被作为有毒空气污染物进行管制，并被列入《有毒物质使用削减条例》中需要报告的化学物名单，因此，Acushnet 橡胶公司从 1992 年开始使用二元酯。Acushnet 橡胶公司用真空蒸馏的方法处理二元酯，这样二元酯可以重复使用 5 次。

购买真空蒸馏器的费用和使用二元酯所增加的成本可以在 6 个月内收回。溶剂替代使 Acushnet 橡胶公司削减了 1.361 t 二氯甲烷使用量，而毒性小的二元酯使用量仅为 907.2 kg，每年也仅排放 90.72 kg 的废气。另外，二元酯替代二氯甲烷后还可以少雇佣 2/3 的清洗工。

（3）脱模剂替代。

1990 年，含有三氯乙烯的脱模剂被用于橡胶铸模过程中，该公司每年排放 10 t CFCs（氟氯烃类物质）。三氯乙烯脱模剂属Ⅰ类氟氯烃和消耗臭氧层的物质，面临《蒙特利尔议定书》对于商品标签要求的威胁（1994 年如果有公司还在使用消耗臭氧层的物质进行生产，他们就被要求在产品上贴上"使用 CFCs 进行生产"的标签），因此，该公司橡胶公司决定削减 CFCs 的排放，转用主要成分为 VOCs（挥发性有机物）的脱模剂。为了减少排放，该公司橡胶公司不断测试低含量的 VOCs 产品，目前 Acushnet 橡胶公司使用水和少量异丙醇的混合溶液来作为脱模剂。1995 年，脱模过程工艺废气的排放量减少到 2.2 t。

（4）ZnO（氧化锌）配送系统。

在物料配送过程中也会产生大量的有毒固体废物，因此，除了对工厂的生产工艺进行多处改造之外，Acushnet 橡胶公司还对物料配送工艺进行了改造。1994 年，Acushnet 橡胶公司购买了一套自动化的氧化锌配送系统，该系统重复使用可循环的特大袋而不是原先那种 22.68 kg 的纸袋。通过减少物料配送的数量，Acushnet 橡胶公司可以减少有毒物质的溢出及其对容器的损害。通过本项目，Acushnet 橡胶公司成功削减了 5% 的有毒副产品。

（5）水资源、能源节约计划。

Acushnet 橡胶公司实施水资源节约计划，主要是将非接触式冷却水和部分工艺水循环使用，用水量从每年 15.14 亿 L 减少到 9 463.25 万 L。另外，Acushnet 橡胶公司开始对水力系统中使用过的水油混合液进行循环再利用。水油混合液由 2% 的油和 98% 的水组成，通过安装管线过滤器可以回收水油混合液中的水。在实施节约计划后，排入市政污水处理厂的废水中的油、油脂、锌的含量也相应降低。另外，通过对卫生设备中淋浴器的管道重新进行铺装，以及在洗手间安装冲水阀等措施，也减少了非生产过程中的用水量。

Acushnet 橡胶公司还参加了两个旨在帮助公司节能的"绿灯计划"。在第一个计划中，Acushnet 橡胶公司通过改用能量使用效率更高的照明灯和电力发动机，每年可以节约 90 万 kW·h。5 年后实施的第二个计划每年又可节约

65万 kW·h。

3. 效益分析

通过削减 TCE 的使用量，Acushnet 橡胶公司每年节约了 10 万美元。

水资源节约计划每年可节省 175 万美元的下水道排水费和水费。

能源节约计划每年可以节约 12.4 万美元，投资回报期小于 18 个月。

Acushnet 橡胶公司废气的总排放量从 1988 年的 60 t 减少到 1997 年的 10 t。

在与环境有关的项目取得成功的同时，Acushnet 橡胶公司的经营业绩也大幅增长。

3.4.3 宝马（BMW）公司对天然可再生材料的使用

1. 天然可再生材料的定义和优点

天然可再生材料是由自然资源制成的材料，可以一代代地补充。天然可再生材料种类很多，例如，农作物可以作为纤维的原料，甚至可以成为矿物材料的替代品。

鉴于资源的匮乏，无论是在生态还是技术方面，使用天然纤维都提供了一种独特极佳的解决方法。天然纤维等可再生材料在汽车产品中的使用具有很多的优点。

（1）技术贡献。

在实践中已经证明了天然增强纤维部件的技术优势：具有良好的机械和声学特性；具有突出的阻尼能力；材料轻，不易破碎，在碰撞中效果佳；对模具的磨损小，可采用多种形式处理加工。

（2）经济贡献。

可再生材料价廉物美，尤其是采用高技术进行收割和处理时，也增加了农业的收入。在系列产品的使用过程中，已被证实其具有明显的经济优势。

（3）社会贡献。

其社会贡献体现在：可再生材料可对 CO_2 排放和能源消耗产生积极影响。在作物的生长周期中，它凝聚空气中分离出的以 CO_2 形式出现的碳，可减少温室效应。当汽车报废时，废物不超过作物吸收的原始量。这是一个闭环过程。

当然，处理作物和制造部件时需要额外的能量，但是，可再生材料的能量和 CO_2 平衡远远优于对应的人工纤维。例如，从播种到形成天然纤维织物所需的能量总和仅为制造玻璃纤维织物所能量的 1/5。同时，可以减轻汽车重量，例如，应用天然纤维可以减轻车门内部装饰面板的重量，在汽车的生命周期内省油，进一步减少了能量消耗和 CO_2 排放。

2. 天然可再生材料的应用

在这里主要讨论天然可再生材料——植物纤维在宝马汽车上的应用。

从 20 世纪 90 年代初，宝马公司就开始了对植物纤维的研究并在该项目上进行投资。该项目的背景是欧盟关于剩余粮食转化为其他产品的政策，允许项目运行地区的人们用部分土地种植可再生材料并给予相应的补偿，以此促进可出售的可再生材料的生产。现在宝马公司的大部分纤维由德国国内的农业部门提供。

宝马公司也是非营利组织"土生可再生材料营销和发展中心"（C.A.R.M.E.N）的成员之一。这个组织旨在促进研发部门使用本地可再生材料。专家估计，德国汽车工业每年对天然纤维的需求量高达45 000 t，仅宝马公司2004年在其汽车制造中就消耗了10 000 t天然纤维。

植物纤维主要由纤维素组成。内层皮质纤维主要从亚麻、大麻、黄麻和洋麻等植物的茎部提取，而硬纤维主要从剑麻和椰子果实纤维等的叶肉、叶柄和植物果实中提取，而木材也是纤维产品的重要原料。在汽车工业中，这些纤维不是以原始形态使用的，而是和其他成分混合成复合材料，以达到合适的材料特性。

与人工合成纤维相比，天然的纤维材料有着优异的机械性能，质轻而稳定，同时，使用其可以减少环境污染，所以只要在技术、环保和经济上是可行的，宝马汽车公司就会竭尽全力地使用天然纤维和其他天然制品，还包括天然皮革、天然橡胶和植物油。如宝马7（图3-1）系列中包含了24 kg的可再生利用材料，其中13 kg以上是天然纤维材料：亚麻和剑麻在车门内衬材料中使用；棉纤维混合在隔声材料中；木纤维在内饰中使用，它用来包裹汽车座椅的靠背。

图3-1　宝马7

在复合材料制成的产品中，天然纤维显示出优异的机械性能，与玻璃纤维相比，天然纤维具有很高的拉伸强度、耐久性和刚度，易加工，质量小。天然纤维通常由较低拉伸强度的材料组成，被作为最理想的增强性复合材料，而且较柔软。

天然纤维使用时要附上特殊的塑料黏合剂，黏合剂包裹着纤维的表面，可隔离潮气和微生物，防止天然纤维的腐蚀。这就保证了在任何气候条件下，在汽车的整个使用寿命期内，使用纤维的部件的长期稳定性。纤维和基材混合物可以通过产品的不同制造方法实现，这使得纤维复合材料能适用于各种不同类型的部件。纤维类复合材料在轻型工程材料中占有很高的比例。现在有可能制造出纤维复合材料部件，它的重量要比等效的注塑零件轻40%。

3. 天然可再生材料的再循环

天然纤维增强复合材料制成的部件在汽车报废之后仍然可以被使用，例如，作为发电厂或其他工业植物的能量来源。这一程序与玻璃纤维类复合材料的燃烧相比，在很大程度上CO_2含量是平衡的，并且产生极少的废渣。

尽管有这些有利条件，但仍存在与欧盟关于汽车报废回收标准（2000/53/EC）目标的冲突。该标准规定，材料的回收尽量做到原来是什么材料，就回收成为什么材料，这使很少一部分材料能作为能源使用；而且规定，报废件必须回收，也就是说，废料必须被再利用。但是再利用废料制成新产品需要大量的能量，承担相当大的成本，所以在经济和生态方面可行性都不好。备选方案就是回收废料制成新材料，例如，通过处理，有可能从中萃取甲醇（CH_3OH）。在这样的情况下，这些回收要求可能迫使汽车设计者转向其他材料，这些材料具有更轻的工程材料特性，能量转化方面更具平衡性。

4. 天然可再生材料的前景

汽车制造商、零件供应商和科研机构正紧密配合，以便更好地利用可再生材料的潜能，扩大天然可再生材料潜在的运用领域。

（1）培育技术的发展。

汽车工业需要的纤维可以被更精心地培育，更好地生长。经过特殊的处理，这些可再生材料的特性差异可以被进一步优化，尤其是作为增强材料的天然纤维的潜能优势被充分地开发：更薄的壁，更轻的部件，强度上无懈可击。

（2）加工技术要高度精湛。

宝马公司一直致力于开发更加高度精湛的加工技术，因为天然纤维根据其栽培地域、气候条件和季节变化而显示出不同的特性，所以要确保所需材料的质量，需要高度的技术保障，把误差降到最低程度。

（3）天然基体材料的开发。

天然纤维通常和塑料基体材料一起被使用。虽然在实验室里，基体材料已经可以由天然基础材料制成，但是其系列产品的成本还是太高。为了减少成本，宝马公司正致力于优化此项研发结果。

（4）成型技术的发展。

尽管压制技术是现在可再生原材料使用最普遍的技术，但是，新的成型技术，如注射成型，在将来也可行。另外，结合不同的纤维将有利于获得复合材料的更佳的综合性能。

（5）促进回收过程。

为了促进回收过程，在制造部件过程的任何时候尽可能地使用一种材料，这就避免了在分解过程中应用昂贵的分离程序。

图 3-2 不用任何染料，具有自然色泽的全棉袜

3.4.4 绿色材料设计图例

（1）不用任何染料，具有自然色泽的全棉袜，如图 3-2 所示。

（2）生态油漆。

Auro 生态油漆（图 3-3）是一家德国企业采用亚麻子一类自然材料生产的，值得称道的是，所有原材料均来源于工厂附近，完全采用本土化资源。

（3）纸板管产品。

日本的设计师坂茂采用可再生材料和可循环材料——卡纸板，创造性地设计了一种新结构——纸板管，成功地提升了这种低档材料——卡纸板的艺术和美学效果。纸板管的经济性好，已经应用到他的各种设计中，例如家具（图 3-4）和社区建筑等，并展示了对材料应用的深刻诠释。

图 3-3 Auro 生态油漆

图 3-4 纸板管制作的 Carta 家具

又如，为了帮助位于土耳其伊斯坦布尔和安卡拉之间的凯纳斯利（Kaynasli）从地震中恢复过来，坂茂在 1999 年设计建造了大量用纸板管制成的临时性住宅（图 3-5）。坂茂在美国接受建筑设计教育，从 1989 年他开始试验将纸筒作为建筑材料使用，并将这种建筑用于日本神户 1995 年地震的救灾活动。这些临时住宅非常容易搭建，屋顶由塑料布覆盖，墙由纸筒制造，而房子的地基则由聚丙烯啤酒箱制成。使用这些材料的原因是它们随处可得。为了适应土耳其寒冷的天气和相比日本要更多的家庭人口，坂茂对原先的设

计进行了修改。建筑的基本构件都在伊斯坦布尔预先制好,这样容易运到的凯纳斯利。而且,6个志愿者只要花上8～10 h就搞好一个纸屋。

图3-5 纸制土耳其屋

(4)竹制品。

竹制餐具有得天独厚的发展优势。竹材是一种可再生性材料,循环周期短,生长占地面积小,对土地要求不高,且具有优美的外形和较强的调节环境的功能。竹子的纤维排列紧密、整齐,走向一致,有一定的韧性和硬度,利于加工处理和批量生产,且成本低。竹制餐具有较好的质感,因其易于热弯加工,可制作出更具美感的形态。图3-6所示竹制餐具获2002年法国Stetienne设计节生态设计竞赛大奖。

图3-6 竹制餐具

竹制挂钟是把一节竹子平均分成12份,压出来的12片竹作为12个刻度,如图3-7所示。

竹制衣架选用竹壁较薄的青竹子,在竹竿的两端各划开6道缝,用铁丝绑住划缝的两端,接着边挤压、边火烤,并随时调整它的形状,等形状固定好之后,解开铁丝,去竹皮,如图3-8所示。

 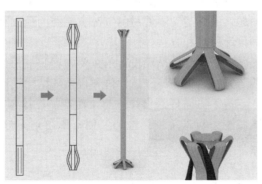

图3-7 竹制挂钟　　　　图3-8 竹制衣架

思考与练习题

1. 从产品全生命周期的角度分析产品材料对环境的影响。
2. 列举产品实例,分析绿色材料的特征。
3. 绿色设计中有哪几条材料选择原则?
4. 收集市场上现有产品的图例,对其采用的绿色材料进行分析。

第4章 面向再循环的设计

减少环境污染和节省自然资源是绿色设计的根本目标,而合理地回收和再生利用无疑有利于这一目标的实现。自从丹麦著名学者阿尔丁·L(Alting L.)首先提出面向再循环的设计思想以来,世界发达国家都十分强调产品的再循环。再循环包括可回收和再利用,其中可回收是国内外学者研究的重点,所以国内很多研究和从事绿色设计的人士又将其称为可回收设计(DFR)。

从"设计到回收"的思想已在研究领域和制造业得到深入。基于面向再循环的设计思想,使产品设计者能考虑到产品生命的全过程,明显降低产品使用后的处理成本。例如,美、日、德等国已经在汽车、家电行业应用产品再循环与重用的设计思想,并取得了良好的经济效益。又如,通用汽车公司上海浦东新区投资建厂,其中一项课题就是研究未来汽车在中国的再循环状况,对汽车结构进行可再循环性设计。如果在产品设计阶段就能同时考虑再循环和再生利用,并对生成优化的拆卸序列系统与零件再循环经济性进行研究,那么就可大大提高废弃产品的再生利用率,减少甚至消除产品废弃过程中直接或间接的污染性。因此,在实际的产品设计中,应该充分考虑产品的可再循环性,进行可再循环性设计。

4.1 面向再循环的设计概念

4.1.1 再循环设计的定义

再循环设计是指在产品设计初期充分考虑其零件材料的回收可能性、回收价值大小、回收处理方法、回收处理结构工艺性等与回收性有关的一系列问题,最终达到零件材料资源、能源的最大利用,并且对环境污染最小的一种设计思想和方法。

有学者将再循环设计的主要内容归纳为再循环材料及其标志、再循环工艺与方法、再循环经济评价和再循环结构设计。

基于再循环的设计思想,使产品设计师能考虑产品生命周期的全过程,既减少了对环境的影响,又使资源得到充分利用,同时还明显降低了产品成本。

4.1.2 再循环设计的优先顺序

用户不再使用的产品称为退役产品,也称为报废产品,但是退役产品更能反映这个问题的本质,而且用退役产品能够引入退役产品系统的概念。消费者购买使用后将不再使用该产品而涉及的各种问题的总和称为退役产品系统。产品退役后,常常要问到以下问题:产品要召回和重用吗?要从产品上拆下有价值的零件还是仅仅进行材料的循环?是整个产品的焚烧处理还是部分填埋?再循环设计是要明确产品退役方法的优先选择顺序,如图4-1所示,针对具体的产品制定合理的再循环方法和策略。

图4-1 再循环设计的优先选择顺序

1. 产品寿命延长

延长产品的生命周期,除了传统设计原则外,主要是面向维护的设计(DFM),使产品易于维护,特别是易损件的拆卸和维修,也包括产品的重新灌装。例如,针式打印机所用的框带可循环使用10次以上,喷墨盒、碳粉盒可以使用5次以上。

2. 零部件再制造

将回收的产品进行拆卸,把经过检验、机械加工和表面处理等再制造技术的零部件作为维护的配件,或装配在新产品上,而产品质量依然如故。零部件再制造的研究主要是面向再制造的设计(DFR)。能够进行再制造的产品一般满足的条件是:产品是耐用的产品;产品是标准化、规范化的,零件有互换性;零部件剩余的附加值高;获得退役产品的成本低于剩余的附加值;产品技术是稳定的;用户对再制造产品的认同;符合相关的法规。

3. 材料循环

材料按循环的等级进行处理,如表4-1所示。常见的机械处理方式由粉碎和分离两部分组成。粉碎是把不同种类的材料分解为小的碎片或粉末,分离是利用各种技术把不同种类的材料区分开,如利用磁性分离铁,利用涡流分离铝。

表4-1 材料循环等级

循环等级	内　　容
一级循环 原材料循环	将零件的材料转变为与原来材料性能、应用场合相同、相似或相近的材料
二级循环 材料降级循环	零件的材料经过回收工艺的处理后,与原来的材料相比,机械性能、物理性能和化学性能等在一个方面或几个方面都有一定程度的降低,一般不能满足原来的使用要求,而在性能要求较低的场合使用。例如,用降级的塑料制作公园的椅子
三级循环 基本化学品 循环和回收	主要是塑料的循环和回收,将零件的材料热分解或化学分解为基本的化学品,并将其作为单体重新合成或制取燃料
四级循环 能量循环或 热循环	用合理的能量生产技术和净化技术,焚烧各种不可能再循环的材料以获取能量。能量回收的基本可行性是由材料的热值决定的。一般说来,当热值大于8 MJ/kg时,能量循环或热循环具有经济价值

4. 能量循环

焚烧各种不可能再循环的材料用于获取能量。能量回收的基本可行性是材料的热值,一般说来,当热值大于8 MJ/kg时,能量循环或热循环具有经济价值。2003年11月20日投产的上海生活垃圾焚烧厂日处理垃圾能力为1 500 t,每吨垃圾焚烧后可发电200~250 kW·h,预计全年可对外供电8 000

万 kW·h 左右。

5. 焚烧和填埋

对于没有任何价值的废弃物，用焚烧炉焚烧，会产生废气排放。另外，由于生活垃圾中的有机质含量较高，可用于堆肥，废渣进行安全填埋；一些无污染的废物也可以直接填埋。

4.1.3 回收策略

产品的一般回收策略可分为产品使用中的回收和产品使用后的回收两类。回收策略及其零部件回收利用的各种形式如表4-2所示。

表4-2 回收策略及其零部件回收利用的各种形式

回收策略	回收形式	原始产品	回收产品
产品使用中的回收	继续使用： 外形相同 功能相同	瓶子	再次填充
		电视机	修理电视机
		汽车轮胎	修补轮胎
	重新使用： 外形相同 功能不同	牛奶瓶	花瓶
		购物袋	废物袋
		旧轮胎	轮船防护垫
产品用后的回收	继续利用： 外形不同 功能相同	玻璃瓶	回收玻璃制瓶
		铝罐	回收铝制罐
		板材下脚料	金属板材
	重新利用： 外形不同 功能不同	玻璃窗	回收玻璃制瓶
		铝罐	铝制门窗
		板材下脚料	电线

目前，回收主要还局限于材料的回收，而且一般是通过压碎后再分类的方法进行回收。显然，压碎后的材料混合在一起难于分离，回收效率低、难度大。因此，如何加强零部件的回收再利用是一个值得研究的课题。而面向拆卸的设计（DFD）的目的正在于此。

4.2 面向回收的设计方法和设计指南

产品的设计阶段和回收阶段是至关重要的两个环节，产品的设计过程决定了生命周期结束后的回收和处理方法。

4.2.1 面向回收的设计方法和主要步骤

1. 分析目前的产品处置方法和情况

（1）用户。

用户分个人用户和专业用户（企业、机关和组织）。专业用户常常大量购置和处理产品，他们很容易和供应商、制造商签订包括退役产品处理的协议；而个人用户一般是从零售商处购买产品。

（2）产品的所有权形式。

所有权归用户还是租赁？与个人用户拥有产品相比，专业用户对租借产品的维护、返还等的态度是不同的。

（3）价格。

再制造产品的价格应低于新品的价格。当新品的价格下降时，再制造产品的价格一般也要降低。

（4）产品的体积。

产品体积对运输有很大的影响，体积太大的产品不易装箱运输。

（5）产品的平均寿命。

寿命较短（如2~5年）的产品比寿命很长（如15~20年）的产品的零部件重用或循环更有价值，因为寿命很长的产品报废时，产品技术已经落后、过时，消耗的能量也会更大。

（6）产品的质量。

通常，产品的质量越大，包含的材料也越多，材料循环的价值越大。应该注意的是，材料循环是尾端处理，与前面的设计原则中提到的减少材料的使用并不矛盾。

2. 确定顾客退役产品的主要原因

了解顾客退役产品的原因是为了提供产品性能改进的信息。

（1）产品的退役是由于技术缺陷吗？产品退役常常是由某一个零件或连接的失效所造成的，对这一问题的了解可为设计改进提供线索。

（2）产品对发展是敏感的吗？在技术、美学等方面是否会很快过时？

（3）市场上有更好的同类产品吗？如果市场上出现了用户更满意的同类产品，提供了更多的功能、利益和价值，用户可能对老产品就不满意了，要退役老产品。

3. 与处置相关的法律和法规

明确现行的以及正在制定的与产品处置相关的法律和法规，要收集以下信息。

（1）制造商的责任是什么，自己回收还是由专门的回收部门回收？

（2）报废的产品是否有招回法规？

当然，招回制度的实施最好是不增加最终用户的费用，但是，制造商可以通过成本的内化来提高产品价格，或增加固定的循环和处理费用，例如欧洲对从中国进口的彩色电视机收取2~40欧元的电子垃圾处理费。

（3）产品收回的预计成本是多少？

（4）产品重用、材料循环、报废产品的焚烧和填埋的费用是多少？

4. 建立报废产品的回收方式

确定报废产品的回收方式，有3种回收方法。

（1）消费者自己交到回收站或市政回收中心。

（2）市政回收中心从最终用户那里取回废弃产品。

（3）零售商回收废弃产品，消费者用旧产品换取新产品时，可以得到价格上的折扣。

5. 确定循环或处理主体

最好由制造商来进行产品循环，他们对产品结构、零件和材料非常清楚，而且再制造的零部件和回收的材料可以直接应用到生产过程中。但是，很多企业更愿意把重点放在主业——产品的制造上，而认为再制造和循环是"副业"。

6. 按再循环设计原则的设计

根据前面的分析，按再循环设计原则进行设计。

4.2.2 面向回收的设计指南

面向回收的设计指南可归纳如下。

（1）提高重用零部件的可靠性：便于产品和零部件得到重用。

（2）提高产品和回收零部件的寿命：以确保重用的产品和零部件具有多次生命周期。

（3）便于翻新和检测：以简化回收过程、提高回收价值。

（4）零部件应能不被损坏地拆除：使重用成为可能。

（5）减少产品中不同种材料的种类数：简化回收过程，提高可回收性。

（6）相互连接的零部件材料要兼容：减少拆卸和分离的工作量，便于回收。

（7）使用可以回收的材料：减少废弃物，提高产品生命周期结束的残余价值。

（8）对塑料和相似零件进行材料标志：便于区分材料种类，提高材料回收的纯度、质量和价值。

（9）使用回收的材料生产零部件：节约资源；刺激并促进回收市场的发展。

（10）保证塑料上印刷用墨水的材料兼容性：获得回收材料的最大价值和纯度。

（11）减少产品上材料不兼容的标签：避免费时的撕标签工作和分离工作，提高产品的回收价值。

（12）减少连接数量：由于大量的拆卸时间是消耗在连接的分离上，因此减少连接数量有利于提高拆卸效率。

（13）减少对连接进行拆卸所需要的工具数量：减少拆卸中的工具更换时间，提高拆卸效率。

（14）连接件应具有易达性：降低拆卸的困难程度，减少拆卸时间，提高拆卸效率。

（15）连接应便于解除：减少拆卸时间，提高拆卸效率。

（16）快捷连接的位置应明显并便于使用标准工具进行拆卸：提高效率。

（17）连接件应与被连接的零部件材料兼容：减少不必要的拆卸操作，提高拆卸效率和回收率。

（18）如果相连零部件材料不兼容，应使它们容易分离：提高可回收性。

（19）减少粘接，除非被粘接件材料兼容：许多粘接造成了材料的污染并降低了材料回收的纯度。

（20）减少连线和电缆的数量和长度：柔软的元件拆卸效率差；铜与钢铁相比，铜材料回收容易造成污染。

（21）将不方便拆卸的连接设计成便于折断的形式：折断是一种快捷的拆卸操作。

（22）减少零件数：减少拆卸工作量。

（23）对产品尽可能采用模块化设计，使各部分功能分开：便于维护、升级和重用。

（24）将不能回收的零件集中在产品中便于分离的某个区域：减少拆卸时间，提高拆卸效率，提高产品的可回收性。

（25）将高价值的零部件布置在易于拆卸的位置：提高部分拆卸的回收率。

（26）将包含有毒、有害材料的零部件布置在易于分离的位置：拆卸中尽快减少具有负价值的零部件。

（27）产品设计应保证拆卸过程中的稳定性：对含有稳定基础件的产品，手工拆卸效率高。

（28）避免嵌入塑料中的金属件和塑料零件中的金属加强件：减少拆卸工作量，便于采用粉碎操作提高效率，提高材料回收的纯度和价值。

（29）连接点、折断点和切割分离线应比较明确：提高拆卸效率。

4.3 再循环设计实例

4.3.1 废旧家电产品的回收再利用分析

1. 废旧家电回收再利用现状

随着家电普及率的增高和企业不断推出新产品，一方面造成了对资源、能源需求的不断增高，另一方面，也使得各类电子电器产品（如电冰箱、电视机、空调器、计算机等）的淘汰速度不断加快。例如，2023年美国环保署估计，在产生的220万t小家电废物中，只有5.6%被回收利用。欧盟统计局统计，2021年欧盟将1350万t的电气和电子设备投放市场，产生了490万t的电子垃圾。国家发展和改革委员会的数据显示，2022年5月我国家电保有量已超21亿台，2022年预计报废量超2亿台。因此，废旧家电的处理和利用已成为迫切需要妥善解决的问题，因为大量被弃置的废旧家电，如不妥善处理，会造成严重的环境污染。同时，更应认识到废旧家电（如电视机、电冰箱、空调器等）本身也是一笔重要的宝贵资源，如电视机的玻璃、铁、铜、铝等有价物的比例为69%，冰箱和洗衣机中的铁、铜、铝有价物的比例分别为54%和58%。

（1）国外废旧家电回收处理法规。

据了解，家电回收处理的责任偏重，各国有所不同。多数欧洲国家是生产者负责；丹麦则是国家负责制，由国家投资建设处理厂；在欧盟将要实施的电子电器环保两项指令里，消费者也应承担4~6 kg的废物处置义务；美国是社会共同责任制，因为家电回收本身有一定的社会公益性质，环境是大家的，大家都是受益者，都有一定责任；日本是消费者负责制，消费者需要交纳处理垃圾的费用，由生产企业处理，经销商负责运送。

在欧美以及加拿大、日本等发达国家，已建立了较完善的对废旧家电产品进行回收再利用的法规；也建立了废旧家电回收体系，政府、科研机构、企业携手合作，废旧家电的回收、处理取得了较好的效果。

联邦德国在1972年出台了《废物处理法》；德国1994年制定了《循环经济和废物清除法》(1998年修订)，这是世界上第一部促使废物综合利用与环境保护相结合的法规；1998年出台了《废旧信息设备处理办法》（草案），其要点是制造商有义务回收废旧设备；1996年出台的《循环经济和废弃物处置法》是德国循环经济法律体系的核心；德国的《电器及电子产品废料法例》于2005年首次实施以来经历了多次修订，最后一次修订是在2022年。

欧盟于2003年2月13日发布了《报废电子电气设备指令》（即WEEE指令）和《关于在电子电气设备中限制使用某些有害物质指令》（即RoHS指令）。WEEE指令要求在2006年12月31日前生产制造商应实现下列目标：对冰箱、洗衣机、空调的回收率为每件器具平均重量的80%，对电视机的回收率为每件器具平均重量的75%。2018年修订后的WEEE指令将电气/电子设备划分为以下6个类别：热交换器；屏幕、显示器；照明；大型家电；小家电；小型IT和电信设备。《RoHS》指令则要求从2006年7月1日起，在新投放市场的电子设备产品中，禁止或限制使用铅、汞、镉、六价铬、多溴二苯醚（PBDE）和多溴联苯（PBB）6种有害物质。另外，从2019年7月起，4种增塑剂DEHP、BBP、DBP、DIBP完全禁止使用。

美国在20世纪90年代初就对废旧家电的处理制定了一些强制性的条例。2002年，美国政府针对废旧家电的回收利用又出台了一系列法规法令，对从事回收家电产品中制冷剂的人员资格、使用的设备以及回收比率等都做出明确的规定，使废旧家电的回收利用过程能够达到政府所规定的各项要求和技术指标。

截至2009年5月，美国已有20个州或地区通过了废旧家电及电子产品法案或议案，建立了州或地区范围内的废旧家电及电子产品回收计划。美国主要采取"生产商责任"（也称"生产商延伸责任"）和"消费者责任"两种模式对废旧家电及电子产品进行管理。美国除加州以外的19个州均采用"生产商责任"模式，即生产商在产品废弃时对其生产的产品负责，支付产品的收集、运输和回收费用。仅加州采用"消费者责任"模式，即在零售时向消费者收取回收费，该费用将进入加州的回收基金，以便州政府用来偿还回收机构的回收费用。由此可见，"生产商责任"模式更受青睐，因为它解决了"无主产品"的支付问题，同时也激发了制造商生产含有更少有害物质、更易回收产品的动力。

日本于2001年4月1日实施了《废旧家用电器回收法》，该法律详细规定了家电生产厂家、零售商、消费者和各地方政府的责任，规定家电制造商和进口商对电冰箱、电视机、洗衣机、房间空调器这4种家用电器有回收和实施再商品化的义务，并且详细规定了再回收的比率，要求电冰箱、洗衣机的再商品化率为50%以上，阴极射线管电视机55%以上，冰箱为50%以上，房间空调器为60%以上。

2003年，日本颁布并实施的《家用计算机回收法》规定：台式计算机50%以上、笔记本式计算机20%以上的再回收比率。另外，日本消费者须承担回收处理废旧家电的费用，费用标准为：空调每台3 500日元、电视机每台2 700日元、冰箱每台4 600日元、洗衣机每台2 400日元、台式计算机每台3 000～4 000日元，笔记本式计算机每台1 000～1 500日元。2013年4月，《关于促进小型废弃电子电气设备回收的法律》（简称"小家电回收法"）开始生效。

（2）国外废旧家电回收实践。

德国、芬兰、美国、日本等国家在拆卸技术及方法、回收工艺及方法等方面已展开了大量的研究。

德国威斯巴登市废旧家电处理中心年处理废旧家电量达 4 000 t；雷斯曼公司则是一家处理废旧电子电器的专业公司，每年处理废旧电子电器 3 万 t；成立于 1995 年的电器循环处理公司，受法国电气公司、德国电气公司、西门子公司等 4 个公司委托，专门处理这几家公司提供的废旧家电，年处理废旧家电 3 万 t。德国十分重视废旧电器处理技术的研发，科研人员已发明了一种可以有效回收旧电器上全部塑料和防火材料的溶解技术。根据这一技术，废电器被放入有专门溶解剂的池内，经过数小时溶解后再对溶解液进行处理，从中分离出可再利用的物质，最后将剩余的塑料转换成有使用价值的二次原料资源。

美国拥有一批技术成熟、管理完善的废旧家电处理企业。电子垃圾拆解已经形成了很专业的分工，有专门负责拆解的公司，有专门负责电路板回收的公司，有专门提炼贵重金属的公司等。在专业的回收公司中，废旧家电的回收再利用率达到 97% 以上，最后只有不到 3% 的东西被当作最后的垃圾埋掉。但相对每年淘汰下来的数不胜数的废旧家电而言，美国目前的回收处理能力还远远不足。迫于舆论的压力，美国国内一些电器生产厂商推出了废旧家电回收计划。一个包括佳能、惠普、IBM、戴尔、柯达等 2 000 多家电子产品生产商的组织曾于 2001 年 10 月开始在美国各地进行为期一年的回收试验计划，测试各电子产品在回收方面的成本与效益，以期推出长远的回收计划。与此同时，如何设计既容易回收又对环境损害较小的家电产品，已经成为一些知名公司的研究重点。例如，施乐公司正在研究开发全球第一种可以回收、再生的复印机；柯达公司则对最新型号的一次性相机做了精心的改进，使其用过以后变成可以回收利用的所谓"绿色电子垃圾"。

在芬兰，专门从事电子垃圾处理的公司应运而生。在芬兰全国每年回收利用的 2 万 t 家电和电子垃圾中，50% 是由芬兰库萨科斯基公司进行分类加工处理的。库萨科斯基公司已形成一套完善的回收处理系统，电子垃圾中的金属、塑料、电路板等材料均可进行处理和再加工：从各种电路板中可以提取金、银等贵重金属和稀有金属；回收的铁、铝、铅、铜、锌等金属材料进行粉碎后，根据客户订单加工铸造成含不同成分的铝锭、铅锭和铁锭；回收的塑料有 50% 可再生利用，剩余 50% 含有害物质的塑料连同其他电子垃圾中少量无法再利用的成分被送到该公司的特殊垃圾掩埋场；回收的铅、水银等有害物质则被送到专门的有害垃圾处理厂处理。2001 年，芬兰北部又建成一家专门处理电子垃圾的生态电子公司，这家公司采用类似矿山冶炼的生产工艺，把废旧手机和个人计算机以及家用电器进行粉碎和分类处理，然后对材料重新回收利用。每年可以处理电子垃圾 1 500～2 000 t，而且由于建有良好的环保处理系统，工厂不会给地下水源和空气造成污染。

根据日本的《家用电器回收法》，家电生产企业必须承担回收和利用废弃家电的义务。家电销售商有回收废弃家电并将其送交生产企业再利用的义务。消费者也有承担家电处理、再利用的部分义务。现在，日本的家电生产厂家已经在全国建立了 30 多家废弃家电回收利用工厂，负责废弃家电的处理和再利用。在日本，仅松下和东芝就建立了 38 个家电回收厂，回收点多达 380 个。松下电器公司于 2001 年 4 月成立了松下生态技术中心有限公司，从事废旧家电的回收利用和回收利用技术的研究开发。该公司每月要"吃掉"10 万台左右各种型号的彩电、空调、冰箱和洗衣机。为了减少噪声、粉尘对周边环境的影响，回收工厂采取了严密的防噪声、防震动等措施，充分考虑在处理废弃家电的过程中对环境产生的不良影响。

（3）我国对废旧家电进行处理的探索。

自2003年开始，我国进入了电子产品报废的高峰期，每年至少报废500万台电视机、400万台冰箱、600万台洗衣机，每年废弃的计算机超过500万台，淘汰的手机超过7 000万部。当时我国尚未建立起规范的废旧家电回收体系，大量家用电器超期服役和废旧家用电器任意处置的现象较为普遍。

2001年年底，我国有关部门就提出了《建立我国废旧家电及电子产品回收处理体系初步设想》，即实行生产责任制，由家电生产企业负责回收废旧家电，回收处理企业实行市场化运作，国家在政策上给予鼓励和支持，先建立试点项目，然后逐步推广。2004年9月，国家发展和改革委员会发布了《废旧家电及电子产品回收处理管理条例》征求意见稿，该条例已报批国务院，它规定了消费者应将废旧家电交售给家电经销商、售后服务机构或回收企业，不得擅自丢弃和从事拆解活动。

2008年5月实施的《家用和类似用途电器的安全使用年限和再生利用通则》，规范了家用电器的安全使用年限及再利用原则。2011年1月1日起正式实施的《废弃电器电子产品回收处理管理条例》，规定了废弃电器电子产品处理目录、处理发展规划、基金、处理资格许可、集中处理、信息报送等一系列制度。

2020年5月，国家发展和改革委员会等7部门印发《关于完善废旧家电回收处理体系 推动家电更新消费的实施方案》，针对家电生产、消费、回收、处理全链条，提出了加大资金支持、优化动态管理机制、加强家电安全使用引导、培育行业先进典型等一系列工作举措。2021年7月，国家发展和改革委员会、生态环境部及工业和信息化部印发《关于鼓励家电生产企业开展回收目标责任制行动的通知》，并于2022年2月启动了2022年家电生产企业回收目标责任制行动。2023年，我国废旧家电回收总量达450万t，含有金、银、铜、锡等大量贵金属和塑料等。目前，我国废旧家电通过正规渠道回收，实现环保拆解和再回收的比例仅占20%左右，亟待健全废旧家电家具等再生资源回收体系，提升规范化回收水平，提高资源循环利用效率。

2. 废旧家电的常用回收再利用方法

（1）废旧家电的回收途径。

对废旧家电实行回收利用，应该遵循"先利用，后拆解"的原则。"先利用"是指对保持基本功能的旧家电，通过检测、清洗、简单的维修等使其进入二次消费；"后拆解"是指对不能直接利用的可以拆解，回收有利用价值的各种零部件及元件，最后再采取机械、物理、化学的方法回收原材料。为此，需要建立废旧家电回收系统模型。该系统模型既需要企业内部的技术条件，包括先进的废旧家电产品回收工艺技术、回收工艺装备和回收过程管理；又需要顺畅的回收渠道、优惠的政策、消费者和政府的支持。图4-2所示为废旧家电回收系统模型。

（2）废旧家电回收的工艺流程。

以电视机、洗衣机、冰箱、空调为例，常用的回收工艺流程基本包括分类、拆卸、破碎和分选4个步骤。图4-3所示为废旧家电回收工艺流程。

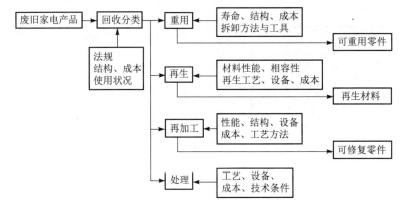

图 4-2 废旧家电回收系统模型

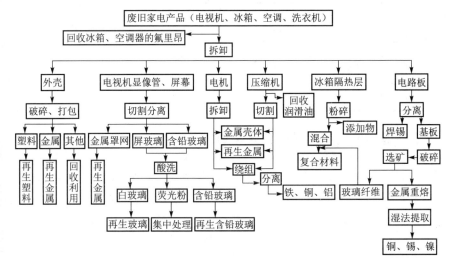

图 4-3 废旧家电回收工艺流程

(3) 废旧家电的材料构成及塑料再生。

4种废旧家电的主要材料构成（质量）比例如表4-3所示。其中，家电塑料以聚苯乙烯和聚丙烯较多，其次为ABS和聚氯乙烯，其余虽种类多但量少。塑料再生利用包括原料再生利用和化学再生利用，原料再生利用的流程为：材料回收→人工除去螺丝、螺孔和金属带→破碎→洗净→再造粒→成型。再生材料的性能除耐冲击性外，其他性能基本和新原料相同，故配入新原料生产时基本无影响。塑料化学再生利用分化学原料利用和焦炭代用品两大类，均为回收后经造粒，再成型加工。

表 4-3 电视机、冰箱、空调器及洗衣机材料构成（质量）比例

材料名称		电视机/%	冰箱/%	空调器/%	洗衣机/%
铁及其合金		9.7	49.0	45.9	55.7
铜及其合金		1.5	3.4	18.5	2.9
铝及其合金		0.3	1.1	8.6	1.4
塑料	聚苯乙烯	13.6	11.3	5.6	2.2
	聚丙烯	1.4	10.7	26.5	3.7

续表

材料名称		电视机	冰箱	空调器	洗衣机
塑料	聚氯乙烯	0.5	3.4	1.9	2.0
	ABS	0.3	7.1	1.0	1.9
	AS	0	0	0.3	0
	ASA	0	0	0.4	0
	聚酯	0	0	0.6	0.7
	聚氨酯泡沫塑料	0	9.3	0	0
	加入玻璃纤维的塑料	0	0	1.5	0
	其他	0.3	1.5	1.6	2.3
玻璃		62.4	0	0	0
其他		0.4	0.7	2.8	3.3
合计		100	100	100	100

3. 废旧家电产品回收利用的有效途径

（1）政府回收法律的保障。

通过政府制定废旧家电绿色回收的法律法规，来保证废旧家电的绿色回收有法可依，并以此来明确生产企业、经销商、消费者及政府有关部门职能部门的责任和义务。

通过相关的法律法规和规范的市场机制，可以极大地提高回收效率，促进回收市场更加有序地发展。

在国家相关法律的约束下，还要扩大宣传，以提高公众的环境意识，使人人都意识到废旧产品的回收利用与可持续发展的关系，并自觉参与到废旧产品回收利用的行列中来。同时，要转变消费观念和消费方式，树立节约、健康、文明、环保的生活和消费习惯。

（2）进行家电产品的绿色设计。

进行家电产品的绿色设计时，要充分考虑到有关环境保护、资源有效利用、节约能源及回收再利用等各方面的要求，并力求延长家电产品的使用寿命。

（3）研究开发回收技术的工艺和设备，建立规模化回收体系。

针对我国的回收现状，在借鉴国外先进的回收管理理念和先进回收技术的同时，开展废旧家电回收处理新技术、新工艺与新装备的研究研制，使废旧家电回收尽早实现规模化、有序化、高效化、经济化，实现保护环境和资源综合利用的绿色回收目标。

4. 家电产品回收实例分析——冰柜的回收设计分析

下面以 BD-148 型冰柜为实例进行分析。虽然，我国在 2007 年已停止含氟冰箱的生产和销售，但消费者在停售含氟冰箱前购买的冰箱并未完全退役。所以，此例仍有一定参考价值。

（1）冰柜产品的材料与结构。

冰柜一般由箱盖部分、箱体部分和制冷部分三部分组成，具体结构如表 4-4 所示。

表 4-4 冰柜产品的结构

组成	具体结构
箱盖部分	由密封条、门锁、箱盖和 ABS 内胆组成
箱体部分	由电器盒、箱体和小侧盖组成
制冷部分	由压缩机、冷凝器、机架和支承脚组成

冰柜产品所用的材料主要包括钢铁、铜、铝、CFC-11 与发泡剂，以及各种塑料、制冷剂等。冰柜产品的材料质量及回收率、回收质量、废弃质量如表 4-5。

表 4-5 冰柜产品的材料质量及回收率、回收质量、废弃质量

序号	材料	单一材料质量/kg	回收率/%	回收质量/kg	废弃质量/kg
1	钢铁	32.7	99	32.4	0.3
2	铜	1.27	87	1.10	0.17
3	铝	3.3	97	3.2	0.1
4	ABS 塑料	1.2	100	1.2	0
5	异氰酸酯	2.85	0	0	2.85
6	进口组合聚醚	2.05	0	0	2.05
7	氟里昂 CFC-11	0.80	0	0	0.80
8	催化剂	0.028	0	0	0.028
9	氟里昂 CFC-12	0.18	0	0	0.18
10	其他塑料	0.9	67	0.6	0.3
11	橡胶	0.1	100	0.1	0
12	其他	0.7	0	0	0.7
合计		46	84	38.6	7.4

（2）零部件的回收方式。

冰柜的设计及加工工艺决定了冰柜产品的回收方式，冰柜产品零部件的回收特点如表 4-6 所示。

表 4-6 冰柜产品零部件的回收特点

特点	说明
有害物质氟里昂的回收	由于冰柜产品的主要制冷剂是氟里昂，而且通过压缩机在产品箱体与制冷部分之间循环，因此在产品拆卸过程中，必须首先考虑冰柜产品氟里昂的抽取、重用

续表

特点	说明
部件重用，零件不重用	箱盖、箱体主体部分由发泡剂填充，形成零部件之间的直接粘接，针对这种特殊结构，产品的回收决策也相应确定：部件整体重用回收；部件破坏性拆卸，材料回收
部件重用，零件重用	冰柜制冷部分是冰柜产品的关键部件，其价值极高，仅压缩机就占据整个产品价值的40%以上。由于制冷部分之间的零部件是螺纹连接的，因此该部件的重用回收决策是：部件重用，零件重用，材料回收

冰柜产品的一般使用期为10年或稍长，在此期间氟利昂对整个管壁具有一定的腐蚀作用，因此对产品主要部件都存在很大的影响。

上述产品结构分析确定了产品部件的回收方式。然而，产品部件的重用效益不仅要考虑回收后部件的质量，而且还要考虑回收部件的数量、运输、储存费用等。

（3）最大价值的回收序列。

在废旧产品的回收过程中，产品中对环境有害的物质和技术含量高的零部件必须优先回收。通过BD-148型冰柜产品的结构分析，确定优先回收的最佳序列：首先是制冷剂氟利昂CFC-12的回收；其次是冰柜压缩机的回收。与其对应，冰柜最佳的拆卸序列如表4-7所示。

表4-7 冰柜最佳的拆卸序列

序列	第一步	第二步	第三步	第四步
内容	冰柜箱盖的分离	氟利昂与压缩机的拆卸分离	冰柜箱体与制冷部分的分离	箱体、箱盖的整体分解

（4）塑料再生的合理选择。

对于面向回收的设计，产品的材料回收往往具有很高的回收率。而对已经使用或淘汰的产品，唯有依靠回收工艺提高产品材料的回收率。

① 塑料材料的选择。由于回收工艺水平的限制，分类回收非金属材料（如冰柜产品中的电气控制盒）比金属材料困难得多。尤其是塑料材料，回收价值低，而且材料老化难以回收重用，处理费用也高。因此，在冰柜产品中，塑料的合理选择是面向回收设计的重要一环。主要塑料的相容性试验结果如表4-8所示。

表4-8 塑料相容性

项目	PS	ABS	PA	PC	PVC	PP	PE,LD/HD	PET
PS	+	−	−	−	−	−	−	−
ABS	−	+	−	+	0	−	−	−
PA	−	−	+	−	−	−	−	−
PC	−	+	−	+	−	−	−	−

续表

项目	PS	ABS	PA	PC	PVC	PP	PE，LD/HD	PET
PVC	−	0	−	−	+	−	−	−
PP	−	−	−	−	−	+	−	−
PE，LD/HD	−	−	−	−	−	−	+	−
PET	−	−	−	+	−	−	−	ǀ

注：+代表相容性好，0代表相容性一般，−代表相容性差。

生产企业在选用塑料材料时，主要考虑表4-9所列的因素。

表4-9 选用塑料材料考虑的主要因素

因素	说明
产品零件必须满足特定的功能要求	耐久性极佳的PVC制成的密封条在提高冷却能力方面起到良好的作用。而使用阻燃ABS制成的电气盒，可以防止电气事故
产品设计考虑经济性问题	产品经济性是考虑的焦点，例如冰柜产品的塑料零件全部可以采用ABS制成，但是ABS的价格较高。同时在冰柜产品的塑料附件协作厂，PP和PA等塑料的选取与生产工艺结合较紧，生产企业往往存在现行生产工艺成熟、质量稳定的求稳心理
产品零件的选材必须满足法规要求	冰柜产品的箱盖部分的ABS内胆、箱体部分的ABS塑料外框的使用必须满足食品卫生法规要求，保证对人体、仪器无毒害

在采用面向回收设计方法对冰柜产品进行再设计时，主要考虑在塑料材料统一的基础上，满足上述几方面的技术和法规要求。由于产品中由非ABS和PVC制成的零件总数较多，但总质量所占比例极小，因此，在满足产品原功能结构的条件下，完全可以减少材料种类达到回收要求，而且费用相对于产品总成本增加不大。

从产品外观方面考虑，除沿用ABS塑料外框、内胆和电气盒及发泡剂外，其他塑料零件在产品结构内部采用统一颜色，可进一步易于辨别、分类、回收。采用面向回收的设计方法对冰柜产品的材料进行合理选择与使用，塑料材料的零件名称、质量、功能要求与代用材料如表4-10所示。

表4-10 塑料材料的零件名称、质量、功能要求与代用材料

材料名称	零件名称	质量/kg	功能要求	代用材料
ABS	外框、内胆	1	食品卫生级	沿用
阻燃ABS	电器和外壳	0.2	电气防护级	沿用
异氰酸酯	发泡剂	2.85	无毒	沿用
进口组合聚醚	发泡剂	2.05	无毒	沿用
PVC	箱体搭扣	0.2	无毒	沿用

续表

材料名称	零件名称	质量/kg	功能要求	代用材料
PP	发泡剂隔层底板	0.2	无毒	PVC
PUT	密封条	0.3	无毒	PVC
橡胶	减震垫	0.1	无毒	PVC
LDPE	排水管	<0.1	无毒	PVC
PA	感温管	<0.1	无毒	PVC
PS	开关旋钮	<0.1	电气防护级	阻燃ABS

② 塑料零件的回收。冰柜所用塑料功能和回收性分析替代材料的选择主要基于零件功能、可回收性，使塑料零件的回收、处理能够很好满足以下两点：一是塑料的分类回收、处理，在面向回收设计中，塑料材料的选择要考虑分类回收要求，ABS和PVC两种不同塑料材料之间的颜色有区别，所以能够达到较高的回收率；二是塑料的统一回收、在对采用面向回收设计的冰柜产品进行回收时，若ABS和PVC分类的费用很高，可以考虑对两种塑料在相容性基础上进行统一回收，因为ABS和PVC具有相容性，如表4-8所示。

4.3.2 再循环橡胶产品设计实例

随着橡胶工业的不断发展，废旧橡胶不断增加。2001年，全世界全年耗用生胶1 757万t，我国橡胶消耗量达到275万t（包括近37万t的SBS热塑弹性体）。一般来说，用于轮胎制造的生胶用量占生胶总消耗量的50%～55%。我国每年将产生约200万t的废橡胶，这些被称为"黑色污染"的废物散落在民间、矿山等，不易降解。燃烧会污染大气，埋入地下不但污染水源，还会破坏土壤结构，使农产品减产，品质下降。

因此，在工业污染日趋严重的情况下，再循环材料的开发与利用的价值也逐渐显现出来。除了环保价值以外，对于产品本身的内在价值也可以利用循环材料的使用而增加卖点。意大利一些材料公司的源于废旧充气轮胎（简称气胎）的再循环橡胶产品，提供了很多再循环材料利用的可能性。

再循环橡胶的产品名称、质量和体积及所用材料如表4-11所示。

表4-11 再循环橡胶的产品名称、质量和体积及所用材料

序号	产品名称	质量和体积	所用材料
1	Cippo Chilomet-rico 道路标志（图4-4）	体积大小：长59 cm，高90 cm，宽29 cm 质量：36 kg	产品由相同质量的5个气胎制成 材料百分比：80%～88%使用过的可循环橡胶
2	Dissuasore Di Sosta 道路标志（图4-5）	体积大小：长25 cm，高78 cm，宽165 cm 质量：15 kg	该产品由相同质量的两个气胎制成 材料百分比：80%～88%使用过的可循环橡胶

续表

序号	产品名称	质量和体积	所用材料
3	Mini New Jersey 道路减速器（图 4-6）	体积大小：长 100 cm，高 15~20 cm，宽 12~21 cm 质量：11 kg，14 kg，18 kg	该产品由相同质量的两个气胎到 3 个气胎制成 材料百分比：80%~88%使用过的可循环橡胶
4	Metrotranvia 电车轨道和铁轨防震设备（图 4-7）	体积大小：长 75 cm，高 17.5 cm，宽 24 cm 质量：14 kg	产品由相同质量的两个气胎制成 材料百分比：85%~90%使用过的可循环橡胶
5	Passerella Da Spiaggia 海滩步行路	体积大小：长 100 cm，高 6 cm，宽 50 cm 质量：20 kg	产品由相同质量的 4 个气胎制成 材料百分比：90%使用过的可循环橡胶
6	Pista Di Atletica 运动赛道（图 4-8）	体积大小：长度可变，高 2~5 cm，宽度可变	材料百分比：80%使用过的可循环橡胶
7	Deflego 道路标志（图 4-9）	体积大小：高 32 cm，宽 6.5 cm 质量：600 g	一个气胎可以制成 10 个 Deflego 道路标志 材料百分比：80%~88%使用过的可循环橡胶
8	Ecopark 抗震路面	体积大小：长 100 cm，高 4 cm，宽 100 cm 质量：23 kg	产品由相同质量的 4 个气胎制成 材料百分比：8%纯聚亚安酯，92%使用过的可循环橡胶
9	Fonoisolante 防热隔声建筑材料	体积大小：长度可变，高度可变，厚 4~10 mm	产品由相同质量的 1 个气胎制成 材料百分比：85%~90%使用过的可循环橡胶
10	Mouse Pad Recycle 鼠标垫（图 4-10）	体积大小：长 23.5 cm，宽 19.7 cm，厚 0.4 cm 质量：206 g	一个气胎可制成 26 个鼠标垫 材料百分比：100%使用过的可循环橡胶
11	Astuccio Recycle 手包（图 4-11）	体积大小：长 21 cm，宽 12 cm，厚 1 cm 质量：695 g	一个气胎可制成 78 个手包 材料百分比：100%使用过的可循环橡胶

图 4-4　Cippo Chilomet-rico
道路标志

图 4-5　Dissuasore Di Sosta
道路标志

图 4-6　Mini New Jersey
道路减速器

图 4-7　Metrotranvia
电车轨道和铁轨防震设备

图 4-8　Pista Di Atletica
运动赛道

图 4-9　Deflego
道路标志

图 4-10　Mouse Pad Recycle
鼠标垫

图 4-11　Astuccio Recycle
手包

4.3.3 惠普公司（HP）的循环再造计划

1. 惠普的循环再造计划

惠普星球伙伴（Planet Partners）循环回收与再造计划是减小惠普产品对环境影响的一种方式，它主要是让惠普的客户一同参与惠普的回收计划。

这个计划受到了社会、惠普的客户和员工的大力支持。惠普努力在业务中保持对环保的承诺。惠普希望加强客户在选购惠普产品时的信心，让他们知道产品在寿命终结后，将可循环再造。

惠普星球伙伴循环回收与再造计划主要包括打印耗材回收与循环再造计划和硬件回收与循环再造计划。本着对社会和环境负责的原则，在亚太地区广泛开展，目的是方便顾客处理废弃电脑设备。该计划适合大公司、中小企业和个人消费者，帮助消费者以最环保的方法，弃置不能再用的产品。该计划符合 ISO 14001 认证，可以减少弃置物品的成本，对改善环境有益处；还有利于惠普树立环保的形象，同时也让消费者尽自己的社会责任。

（1）惠普回收的产品。

惠普回收的产品包括以下几项。

① 惠普原产的空喷墨盒及激光打印墨盒。

② 报废的惠普原产耗材，如硒鼓、加热组、传动单元和碳粉盒。

③ 报废的惠普及非惠普电脑和打印硬件，如打印机、扫描仪、传真机、计算机、服务器、显示器、手持装置及相关外部组件，如线缆、鼠标和键盘。

HP 不回收的产品包括以下几项。

① 家用电器，如电视机、录像机、微波炉、洗衣机等。

② 有故障的显示器。

③ 受污染产品。

④ 用于医药、测量或分析的产品（以前由惠普生产，现由 Agilent 公司技术制作）。

另外，惠普可以接受不能运作或已损毁的产品，不过产品必须连同完整无缺的外壳回收。另外，根据运输公司的安全条例规定，已损毁的 CRT 显示器将不能回收。

（2）回收计划针对的客户。

惠普星球伙伴循环回收与再造计划主要针对的国家或地区的客户如表 4-12 所示。虽然惠普在亚洲的大部分地区实施该计划，但依然有客户无法使用这项服务。此时，惠普只能请消费者采取当地的处理措施，但建议消费者经常浏览惠普的回收网站，一旦有新的国家和客户类别纳入计划，便会在该网页上显示。

表 4-12 惠普星球伙伴循环回收与再造计划主要针对的国家或地区的客户

国家或地区	原产惠普喷墨盒及打印激光墨盒	惠普及非惠普计算机和打印硬件
澳大利亚	消费者、中小企业和公司	公司
中国	消费者、中小企业和公司	公司
中国香港	消费者、中小企业和公司	公司
印度	消费者、中小企业和公司	公司
印度尼西亚	—	公司

续表

国家或地区	原产惠普喷墨盒及打印激光墨盒	惠普及非惠普计算机和打印硬件
日本	消费者、中小企业和公司（只限喷墨打印）	消费者和公司（仅限于家用和商用个人计算机）
韩国	中小企业和公司	公司
马来西亚	—	公司
新西兰	消费者、中小企业和公司	公司
菲律宾	—	公司
新加坡	消费者、中小企业和公司	公司
中国台湾	消费者、中小企业和公司	公司
泰国	—	公司
越南	—	公司

（3）客户如何参与回收计划。

无论是个人、小型企业或大型公司，如消费者属首次参与，则应联络消费者的惠普客户经理；如消费者第二次参与，则按照"如何参与回收计划"的步骤登记即可。但要注意以下各项：

① 惠普星球伙伴循环回收与再造计划只适用于惠普客户。回收非惠普产品时，需要惠普客户经理的推介或出具任何一件惠普产品的购买证明（如购买收据、出货收据或税务发票）。

② 接收产品的地点必须接近大城市或在大城市之内。

③ 接收的产品的体积最少要达到 $1\ m^3$。

④ 产品需放置于约 $1\ m^3$ 的纸箱内。一般来说，箱子的最大质量是 30 kg（货车的载货限制），包装的物料为 2 kg，所以产品的质量不应超过 28 kg。也可以由惠普提供有关包装的服务，不过消费者需支付额外费用。

⑤ 物流服务供应商不会接收其他垃圾、废料及化学物。

⑥ 回收的液晶显示器不能有所损坏。

⑦ 回收的产品必须没有接触过辐射、生物或化学物等类型的污染。

⑧ 包装材料（如纸箱）不包括手册及碎纸等。

⑨ 参加回收计划并退还服务器的客户在将服务器送交物流服务供应商之前，必须把服务器从其机架或其他附件上（单件设备）卸下。

⑩ 若客户把错误的器材运送至惠普，惠普将不为此器材负责，所以误送的产品将不会归还。

（4）参加该计划的费用。

惠普为打印耗材循环回收与再造计划提供免费服务。硬件回收与循环再造计划因牵涉聘请第三方物流服务供应商来搬运大量产品，或需要到偏远的地方回收，消费者可能需要负担有关费用。

惠普星球伙伴循环回收与再造计划只会把产品回收，而不会把产品出售，所以也不会安排退款。不过，产品中某些有用的部分如硬盘驱动器、内存、处理器芯片等会被移除、翻新及再行出售。这个过程可帮助惠普降低此计划的成本，为消费者提供更好的服务。

2. 惠普循环硬件回收与循环再造计划的实施

（1）硬件的回收过程。

惠普在中国实施硬件回收与循环再造计划的目的在于为惠普客户提供一个便捷的途径，以对社会和环境负责任的方式妥善处理使用过的计算机设备。

硬件的具体回收过程如下。

① 拆开硬件，在拆卸和回收再利用的过程中，将对驱动器和硬盘做物理处理，在通常情况下所有数据都将被删除。

② 分类及重用部件（通常为晶片）。

③ 分拆物料及循环再用。

④ 能源再生。

⑤ 弃置。

（2）墨盒及硒鼓的回收过程。

惠普在中国实施打印耗材回收与循环再造计划，让惠普的客户可以环保的方式，返回空的惠普喷墨打印机及激光打印机的墨盒和硒鼓。

所有收回的墨盒及硒鼓会经过多项回收程序，墨盒及硒鼓会成为原料，再用来制造新的金属或塑胶制品。整个回收过程均致力于把最多的物料修复，大部分物料会作循环再造，小部分会用来生产能源，减轻石油的耗用量。2004年，惠普回收的76% HPLaserJet碳粉盒用来循环再使用或转换成能量。平均回收率占全部材料的55%。

墨盒及硒鼓的具体回收过程如下。

① 打印机碳粉盒先从收集处收集，然后运往收集中心，接着再运到循环处理商处，循环处理商将对可以再循环使用的组件进行拆卸或加工。

② 循环处理部门将对碳粉盒进行分类及切碎处理。

③ 切碎处理后，碳粉盒将归类为塑料、金属、墨汁残留物、碳粉或泡沫。

④ 塑料和金属将进一步加工成原料，用于制造钢笔、尺、长椅等新的日常用品。

⑤ 其余的物料和墨的残渣、硒鼓会用作生产能源，或以环保的方式弃置。

（3）回收后的处置。

耗材、计算机及打印硬件会先被送到收集中心，然后分类，再送到惠普的亚太地区循环再造的伙伴处分拆进行回收。

在所有实施惠普回收计划的地方，惠普均会选定一批专业的物流服务供应商进行耗材及硬件的收集和回收。在接收墨盒及硬件后，回收程序随即开始，回收涉及数家代理厂商，包括利用这些物料生产新产品的厂商。不过，客户才是惠普最重要的伙伴，因为是客户决定把产品交予惠普进行回收。

计划的焦点是循环再造，所以惠普会尽力使用物料修复技术来翻新产品。事实上，惠普也已经就该计划制定度量的目标。不过，由于技术上的限制，并不是所有的物料都可修复，因此在这种情况下，销毁一部分产品会有助于减少废料的产生，还可以产生能源。

（4）包装的回收与循环再造。

惠普把包装设计成为可回收的，所以包装可独立回收。在硬卡纸可回收的情况下，惠普激光打印机硒鼓的包装盒及运送硒鼓用的模制用浆纸盖也可以进行回收。若聚苯乙烯在消费者身处的地区可作回收，惠普也可把消费者惠普硒鼓的聚苯乙烯盖回收。不少硒鼓均用聚乙烯（PE）袋子来运送，这些袋子也可在有提供回收服务的地区进行回收。

只要消费者所处的地区在实行有关的回收计划，墨盒包装中的硬卡纸、其他纸张、保护墨头的聚苯乙烯盖子都可以进行回收。

惠普已在包装中采用循环再造的物料。例如，惠普硒鼓的包装箱正是以循环再造的物料所制造的。而硒鼓盒包装内的印刷品都是由再造纸及黄豆墨所制成的。在部分地区，惠普更以百分百的再造物料来制造硒鼓的盖子。而在墨盒包装方面，惠普采用了含再造物料的硬卡纸。不同地区选用再造物料的分量，会因供应情况而有所不同。

（5）改善产品环保效能的方法。

惠普会派出环保专家监察研发中的产品。这些专家会扮演教育者的角色，指导设计人员降低产品对环境的影响，包括生产、使用及回收过程。在产品的设计及生产过程中，惠普会以"为环境设计"为原则，包括生产效率、在使用产品时减少能源使用以及在产品寿命终结后进行回收。以下为部分惠普用作改善产品环保效能的方法。

① 在生产过程中减少有害物质和废料。
② 减少墨盒及硒鼓的零件数目。
③ 降低激光打印机硒鼓使用的树脂含量。
④ 惠普持有 ISO 14001 认证。
⑤ 向供应商定要遵守的环保守则。
⑥ 在包装中使用较少物料，并选用较多循环再造的物料。

图 4-12　办公椅

图 4-13　生态铅笔

图 4-14　Curva 尺

图 4-15　Diamant Stone 锅具

4.3.4　再循环产品设计实例

1. 办公椅

图 4-12 所示的办公椅采用回收材料制造，100%的结构件用回收铝制成。产品中 67%的零件完全可回收，所有塑料件都贴有符合 ISO 标准的可回收标签。

2. 生态铅笔

图 4-13 所示的这些生态铅笔是用回收的一次性饮水杯作为原材料制造的，且十分耐用。

3. Curva 尺

荷兰设计师德·丹克坦克（De Denktank）提出了一种创新的想法，制作一种有弹性、不会折断的尺子，它是由当地的垃圾回收站得到的废弃百叶窗铝板条制造的。Curva 尺采用丝网印刷技术把图表印制在本色的板条上，100%的可回收包装在流通和零售中起到了保护的作用。简洁是此设计的关键因素（图 4-14）。该产品几乎不再需要投入新的原料，这也是一个将资源再次引入物流的快速方法。

4. Diamant Stone 锅具

由 8%新铝、92%再生铝制成的锅具如图 4-15 所示。

5. Segnatempo 挂钟

由 20%意大利纤维纸、80%再生卡纸制成的挂钟如图 4-16 所示。

6. Scarabocchio 儿童画板

由 5%新纸、95%再生卡纸制成的儿童画板如图 4-17 所示。

图 4-16　Segnatempo 挂钟　　　图 4-17　Scarabocchio 儿童画板

7. Eco fans 婴儿床

由 100%再造木板材料制成的婴儿床如图 4-18 所示。

8. Audrey 椅子

由 30%玻璃纤维和 70%再生聚苯乙烯（PET）制成的椅子如图 4-19 所示。

图 4-18　Eco fans 婴儿床　　　图 4-19　Audrey 椅子

9. 猫砂盆

该猫砂盆（图 4-20）由上海采邑科技有限公司设计制造，在选材上颠覆了以往的塑料而采用回收纸，通过材料的选择来确保产品是环保且可降解的。相比塑料，纸制产品的加工工艺相对简单，但是产品强度相对较弱，需要通过巧妙的结构设计来弥补材料强度上的不足。通过回收纸箱整理分类、材料高温消毒搅碎、湿坯成型及自然晒干、晒干之后热压整形、测试产品硬度及结构强度、多次调整防水剂比例并重新制浆等设计及制造过程，以达到产品需求。该猫砂盆尺寸为 400 mm×300 mm×102 mm，适用于体重小于 4 kg 的猫咪。

图 4-20 猫砂盆

10. 餐具

目前，国内咖啡消费市场规模超过 1 000 亿元，咖啡消耗的年平均增长率达 26.59%。生成的咖啡渣可达 80.6 万 t，而绝大部分咖啡渣都被当作垃圾直接丢弃。对此，上海采邑科技有限公司采取了一种环保措施，利用这些咖啡渣制作了环保的咖啡杯和餐具，如图 4-21 所示。

图 4-21 咖啡渣制作的餐具

思考与练习题

1. 怎样理解再循环设计的优先选择顺序？
2. 材料有哪 4 个循环等级？
3. 面向回收设计的设计方法及步骤是怎样的？怎样应用到具体的产品设计当中去？
4. 选择一类产品，通过查找相关资料，对其再循环设计的发展状况进行分析。

第 5 章 面向拆卸的设计

5.1 面向拆卸的设计概念

5.1.1 面向拆卸的设计概念

现代产品往往使用多种不同的材料,因而其拆卸就成为目前绿色设计研究的重点之一。因为不可拆卸不仅会造成大量可重复利用零部件材料的浪费,而且因废弃物不好处置,还会严重污染环境。可拆卸性设计(DFD)要求在产品设计的初级阶段就将可拆卸性作为结构设计的一个目标,根据其追求目标侧重点的不同,DFD 可以分为两类:一类是面向产品回收(DFR)的可拆卸性设计,DFR 注重产品的回收与利用,主要考虑产品使用寿命完结时,尽可能多的零部件可以被翻新或重复使用,以达到节省成本、节约资源的目的;或者把一些有害的材料(往往是污染环境的)安全地处理掉,避免废旧产品对环境的污染。另一类是面向产品维修(DFM)的可拆卸性设计,DFM 注重提高产品的可维护性,考虑在产品的正常寿命期间,便于其零部件的维护。该类设计特别适用于易磨损、需要定期维修或更换的零部件之间的连接件。

5.1.2 面向拆卸的设计特点和内容

1. 面向拆卸的设计特点

产品维护及回收的关键问题是,能将要求维修或拆卸的零部件安全地拆下来或方便地更换新零部件,且不损害材料或部件的性能。传统产品设计主要考虑的是易于装配和材料的有效利用,导致最终设计的产品难于有效地拆卸,从而产生了大量的废弃物垃圾,造成资源、能源的大量浪费。可拆卸性设计在产品设计阶段就将维护及回收的拆卸要求作为设计目标,即设计时已明确了将来哪些零部件要被拆卸和回收。现代设计与传统设计在拆卸设计方面的比较如表 5-1 所示。

表 5-1 现代设计与传统设计在拆卸设计方面的比较

现代设计	传统设计
产品结构模块化、统一化,使产品有较大的预测能力,易于拆卸	所要拆卸的产品缺乏完整的产品信息,难于拆卸
拆卸分离操作简单快捷	连接结构难于拆卸或产品结构存在大量不必要的拆卸步骤
拆下的零部件易于手工或自动处理	拆下的零部件难于处理
减少材料种类,尽量采用相容性好的材料,减少有毒、有害材料的使用	材料选择考虑的是经济性和最佳性能,导致材料多样性,甚至采用不可回收的材料
回收材料及残余废弃物易于分类和后处理	处理回收材料及残余废弃物较难

续表

现代设计	传统设计
减少了产品在使用过程中的变化	产品在使用阶段产生变化,如修理、污染、腐蚀等
使可回收零部件和材料重用所需的工作量大大减少	需高昂的拆卸分类费用,且回收和重用的工作量大

2. 面向拆卸的设计内容

可拆卸性设计主要包括研究和开发指导设计的通用设计规则及各种设计工具。除此之外,DFD还必须考虑拆卸产品操作要方便,且不会对人体健康造成危害。有关可拆卸性设计的研究内容主要有两个方面:① 设计准则公式化,这些公式可供设计者在产品概念设计及详细设计阶段应用;② 研究和开发可能的设计决策经济性分析的评价方法和软件工具。

5.1.3 产品拆卸类型

根据拆卸对象和拆卸的效果可将产品拆卸类型分为破坏性拆卸、部分破坏性拆卸和非破坏性拆卸 3 类(表 5-2)。对应于不同拆卸类型有不同的拆卸方式与拆卸技术(表 5-3)。有效的拆卸有助于处置,有益于产品重组,而且有益于产品寿命周期中的服务和维修。从维护的观点看,应彻底取消不可拆卸连接,因为此时拆卸不能是破坏性的。

表 5-2 拆卸类型

拆卸类型	说明
破坏性拆卸	拆卸活动以使零部件分离为宗旨,不管产品结构的破坏程度
部分破坏性拆卸	要求拆卸过程中只损坏部分廉价零部件(如切去连接、气焰切割、高压水喷射切割、激光切割等),其余部分则要安全可靠地分离
非破坏性拆卸	拆卸过程中不能损坏任何零部件(如松螺纹、拆除及压出等),是拆卸的最高阶段

表 5-3 拆卸方式与拆卸技术

拆卸方式		产品拆卸			部件拆卸
拆卸技术	部件再使用	非破坏性	部分破坏性	破坏性	非破坏性
	部件特殊加工	非破坏性	部分破坏性	破坏性	依赖于特殊加工
材料回收		任何情况			非必需

5.2 面向拆卸的设计准则

5.2.1 可拆卸的经济性

产品拆卸到什么程度时最经济,这关系到产品的拆卸深度和拆卸成本问题。

拆卸成本与所用的时间和拆下的零部件的多少基本成正比。因此，部分拆卸可能是更经济实用的。图5-1表示了考虑拆卸时的产品处置的总成本。有学者提出了一种零部件拆卸的目标体系以帮助判断拆卸应何时终止。根据由高到低的顺序，该体系由继续使用、重新制造、高级材料的回收、低级材料的回收、材料焚烧的热能利用和掩埋等组成。

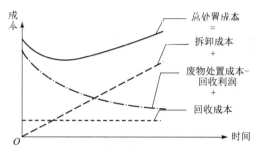

图5-1 考虑拆卸时的产品处置的总成本

研究可拆卸的经济性，使可拆卸性设计具有现实的可行性，它包括两个方面的要求。

（1）最少拆卸时间。

要求产品不仅仅可以拆卸，而且容易拆卸。可拆卸的产品具有很高的实际操作性，一般要求产品留有可抓取表面和刚性零件，这样，一方面可以便于产品的维护，另一方面对于面向回收的可拆卸，提高了其劳动效率，进而提升了可拆卸性的经济效益。另外，在满足产品功能要求的前提下，尽可能减少所用材料的种类，从而降低拆卸分类的费用。

（2）回收价值。

可拆卸性设计的最终目的是通过产品的拆卸来回收利用产品的材料、零部件和结构单元，以达到节省成本、节约资源的目的。如果拆卸下的材料回收价值不高，拆卸下的零部件损伤严重，无法再使用，或者是在拆卸的过程中对一些回收价值高的零部件损伤严重，那么即使产品的拆卸性很高，其可拆卸性的价值也是很低的，也就是说，产品可拆卸性的实际意义不大。所以，在设计时就要考虑选用可回收利用的材料，以提高拆卸材料的回收价值；考虑产品的结构，以尽量避免拆卸时的损伤，使拆卸下的材料或者零部件有较高的回收价值。

5.2.2 可拆卸的设计准则

可拆卸的设计准则就是为了将产品的拆卸要求及回收约束转化为具体的产品设计而确定的通用或者专用的设计准则。合理的可拆卸设计准则是设计人员进行产品设计和审核时遵循并严格执行的技术文件，也是最终实现产品良好的拆卸性能要求的保证。表5-4中所列的设计准则是根据产品设计经验及技术资料归纳、整理而成的，可供在设计过程中参考。

表 5-4 目前被广泛接受的拆卸设计准则

项目	说明	设计准则	举例
明确拆卸对象	明确产品报废后，哪些零部件必须拆卸，应如何进行拆卸，拆卸所得资源应以什么方式进行再生、再利用。总的来说，要在技术可能的情况下确定拆卸对象	对于有毒或者轻微毒性的零部件或再生过程中会产生严重环境污染的零件应该拆卸，以便于单独处理，如焚化或填埋	
		对于由贵重材料制成的零部件应能够拆卸，实现零部件重用或贵重材料的再生	
		对于制造成本高、寿命长的零部件，应尽可能易于拆卸，以便直接重用或再制造后重用	
减少拆卸工作量	减少拆卸工作量可以通过两种途径来实现：① 在保持产品原有功能要求和使用条件的前提下，尽可能简化产品结构和外形，减少组成零部件的数量和类型，或者是使产品的结构设计更加利于拆卸；② 尽量简化拆卸工艺，减少拆卸时间，降低对维护、拆卸回收人员的技能要求	采用模块化结构，以模块的方式实现拆卸和重用，因为模块化设计是实现零部件互换通用、快速更换修理的有效途径	工程塑料类材料具有易于制成复杂零件的特点，所以特别适于零件功能集成，即把由多个零件完成的功能集中到一个零件或部件上，从而缩短拆卸时间
		尽量使用标准件和通用件，减少拆卸工具的数量和种类，增加自动化拆卸的比例	
		在保证产品使用功能和性能的前提下，进行功能集成，通过零部件的合并，尽量减少零部件的数量	
		尽量减少材料的种类，材料种类的减少将有助于减少拆卸工艺。简化拆卸方法	
		尽量使用兼容性能好的材料组合，材料之间的兼容性对拆卸回收的工作量具有很大的影响。塑料的兼容性如表 4-8 所示	
在结构上尽量简化设计，减小拆卸难度	产品零部件之间的连接方式对拆卸性能有重要影响。在设计过程中要尽量采用简单的连接方式，尽量减少紧固件的数量，减少紧固件的类型。在结构设计上应该考虑到拆卸过程中的可操作性并为其留有操作空间，使产品具有良好的可达性和简单的拆卸路线	尽量减少连接件的数量，一般来说，连接件越少则意味着拆卸工作也越少	以塑料件为例，粘接工艺通常不适合面向拆卸回收的设计，因为在拆卸时需要很大的拆卸力，而且其表面残余物在零件回收时很难去除。但是如果零件和黏合剂采用同一种材料，则可一起回收，可以用于面向拆卸回收的设计中
		尽量减少连接件的类型，减少连接件类型有助于减少拆卸工具的数量、减少拆卸工艺的设计，因此可有效地降低拆卸难度，缩短拆卸时间，提高拆卸效率。表 5-5 中列出了两个被紧固件连接的零件的分离时间	
		尽量使用易于拆卸或者易于破坏的连接方式。要方便地、无损害地将零部件拆卸下来，就必须选择恰当的连接方式	
		尽量使用简单的拆卸路线(如直线运动)，简单的拆卸运动有助于实现拆卸过程的自动化	
		设计时应确保产品具有良好的可达性，给拆卸、分离等操作留有合适的操作空间	

续表

项目	说明	设计准则	举例
易于拆卸	提高拆卸效率,拆卸的可操作性和方便性是非常重要的	设计合理的拆卸基准。合理的拆卸基准不仅有助于方便省时地拆卸各种零件,还易于实现拆卸自动化	在拆卸汽车前,必须将汽车中的汽油或柴油、润滑油等废液排出,以免拆卸使这些废液遍地横流,造成环境污染和影响操作安全,因此,在进行汽车设计时,要设置合理的废液排放口位置,使这些废液能方便并完全地排出
		设置合理的废液排放口位置,因为有些产品在废弃淘汰后,往往含有部分废液,在拆卸前应首先将废液排出	
		刚性零件准则。设计产品时,尽量采用刚性零件,因为非刚性零件的拆卸过程比较麻烦	
		设计产品时,应优先选用标准化的设备、工具、元器件和零部件,并且尽量减少其品种、规格	
		封装有毒、有害材料。最好将有毒、有害材料制成的零部件用一个密封的单元体封装起来,便于单独处理	
易于分离	在设计产品时,应考虑尽量避免零件表面的二次加工(如油漆、电镀、涂覆等)、零件及材料本身的损坏、回收机器(如切碎机等)的损坏,并为拆卸回收材料提供便于识别的标志	一次表面准则,即组成产品的零件,其表面最好是一次加工而成,尽量避免在其表面上再进行诸如电镀、涂覆、油漆等二次加工。因为二次加工后的附加材料往往很难分离,它们残留在零件表面会形成材料回收时的杂质,影响材料的回收质量	明显的材料回收标志易于分离和分类回收:模压标志是将识别标志制作在模具上,然后复制到零件表面;条形识别标志是将识别标志用模具或激光方法制作在零件上,这种标志便于自动识别;颜色识别标志是用不同的颜色表明不同的材料
		设置合理的分类识别标志,产品的组成材料种类较多,特别是复杂的机电产品,为了避免将不同材料混在一起,在设计时就必须考虑设置明显的材料识别标志,以便分类回收。常用的识别方法有模压标志、条形识别标志和颜色识别标志	
		减少零件多样性准则。在设计产品时,利用模块化设计原理,尽量采用标准零部件,减少产品零部件种类和结构的多样性,这无论是对手工拆卸还是对自动拆卸都是非常重要的	
		尽量减少镶嵌物。通常,当零部件中镶嵌了其他种类的材料时会大大增加产品的回收难度,因为要将不同的物质分离开,在理论和实践中都存在一定的难度	

续表

项目	说明	设计准则	举例
产品结构的可预见性准则	产品在使用过程中,由于存在污染、腐蚀、磨损等,且在一定的时间内需要进行维护,这些因素均会使产品的结构产生不确定性,即产品的最终状态与原始状态之间发生了较大的改变。设计时遵循相应的准则,减小结构的不确定性	要拆卸的零部件应防止外来污染或腐蚀	
		避免将易老化或易腐蚀的材料与需要拆卸、回收的零件组合起来	

表5-5 两个被紧固件连接的零件的分离时间

紧固件	去除方式	时间/s
螺钉	手动	0.6
	电动螺丝刀	0.15
卡扣	手动打开	1.5
	用工具断开	3
夹子	手动	1
	工具	2
黏合剂	手动打开,1只手	3
	手动打开,2只手	1
	用工具断开	2
切断绳索	工具	0.5
切断电缆	工具	0.25
分离电缆	手动	1.5

5.3 面向拆卸的设计实例

5.3.1 家具的可拆装设计

拆装家具不仅在设计、生产、储存、运输、销售和安装等方面有许多适应现代化大工业生产的优点,而且有助于提高整个产品开发过程与拆装环节自身的效率,从而可以降低生产成本。设计一种易于装配又易于拆卸的家具产品是一个复杂的过程,需要解决材料选择、易分离性、模块化设计以及连接件等诸多问题,因此必须对"装配"和"拆卸"进行系统的设计。装配设计固然很重要，但是家具能够拆卸是其回收再生的前提，要想使废弃家具的零部件或材料经过维修或其他处理方法后能被重新利用，就必须使其零部件能够方便地拆卸；否则，不仅会造成大量可重复利用材料的浪费，而且因废弃物不好处置，还会严重污染环境。有关资料表明，产品总成本的70%是在产品设计开发阶段决定的，而设计开发的费用在产品的总成本中只占5%。运用装配和拆卸设计方法对产品的整个结构进行优化，可以使错误在早期得到改正，避免后续环节中可能产生的不便，从而提高整个产品的开发效率并降低成本。可见，拆装设计是家具绿色设计的一个重要环节。

1. 拆装家具发展概述

目前，家具产品的更新步伐越来越快，产品的生命周期越来越短，家具的淘汰率也大幅增长。这当然要归功于科技的进步和人们生活水平的提高。但是现在，废旧家具的回收利用率很低，造成大量材料的浪费和环境的污染。例如，西方国家的富裕阶层每年要扔掉数百万张写字台、椅子、餐桌、橱柜、床垫等家具。家具回收率低的原因主要有两个：① 回收技术低，仅处于对材料进行回收的初级阶段。② 设计时没有考虑其拆卸回收性能，或是有用的和无用的材料及零部件难以拆卸分离，使很多可重复利用的零部件无法有效地再利用；或是零部件和材料缺乏必要的标识，难于回收；或是回收利用的成本太高等。在这种情况下，通过拆卸设计来改善家具的性能，使其能够在废弃后进行科学的回收，这对于节约资源、减少污染、增强家具的循环利用非常有益。例如，通过回收设计，即使家具产品报废，也并非所有的零部件都已成为废品，其中一部分稍加修整后即可再次利用；还有一些零件的材料回收后可用于生产同种零件；另一些零件的材料回收后，如其性能或成分达不到原零件的要求，则可降级用在别的产品中。

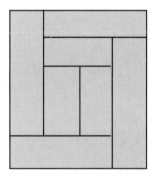

图 5-2 "燕几"

中国古代已有拆装组合家具的研究，唐宋时期的"燕几"就是经典的设计。"燕几"（图5-2）是专用于宴请宾客的几案，其特点是可以随宾客人数的多少而任意分合。"燕几"包括2张长桌，2张中桌和3张短桌，这7张桌子可以组合成广狭不同、形式多样的实用桌。"燕几"虽然不是真正的可拆卸家具，却也是今日组合桌具之祖。

20世纪初，德国的一家家具公司利用几种基本的板块设计书架，方便地组装成顾客所需的书架，开辟了家具模块化设计的先河。第二次世界大战以后，欧洲家具业为了能够满足人们在短期内重建家园的需求，也十分需要生产效率高、标准化、系列化、便于装配且具有良好结合性能的家具结构，在这种情况下，"32 mm系统"应运而生，它是一种相当有效率的制造各种柜子的方法。"32 mm系统"是以32 mm为模数，制有标准"接口"的家具结构与制造体系。这个制造体系以标准化零部件为基本单元，既可以组装成采用圆榫胶接的固定式家具，也可以制造成采用各类现代五金件连接的拆装式家具。所谓"32 mm系统"，在欧洲也被称为"EURO系统"，其中E——Essential knowledge，指的是基本知识；U——Unique tooling，指的是专用设备的性能特点；R——Required hardware，指的是五金件的性能与技术参数；O——Ongoing ability，指的是不断掌握关键技术。由此可知，应用"32 mm系统"必须具备制作家具的基础知识和先进的制作技术，并且必须采用专用设备以及与之相配合的五金件才能实现。20世纪70年代，欧洲已开发出"32 mm系统"的专用设备，从生产工艺方面保证了"32 mm系统"的有效实施。

"32 mm系统"的逐步成熟与生产设备、五金件及原材料生产的模数化、系统化，使拆卸设计在板式家具生产中获得了前所未有的发展。可见，"32 mm系统"的精髓是通过零部件的标准化来提高生产效率、降低生产成本；同时，它使家具的多功能组合变化成为可能。"32 mm系统"设计理论对于国际现代家具设计与制造做出了突出的贡献，为现代板式家具的设计与制造提供了依据和原则。"32 mm系统"设计家具在全球现代家具工业中迅速地推广普及，成为现代板式家具的主要设计与制造方式。例如，世界家具业的先锋——宜家（IKEA）的成功在很大程度上得益于应用了"32 mm系统"，充分发挥了"32 mm系统"的功能强、效率高和易于标准化以及设计、制造和运输成本低的优势。宜家在全球范围内使用的抽屉规格只有两个，可见他们模块化设计的思想是何等强大。

我国国内各大家具厂商近些年来在"32 mm系统"上做足了功夫，如北京曲美家具有限公司已在居室家具中完整应用了"32 mm系统"，在近几年的新产品中更是延续着"32 mm系统"设计和生产。其他大的家具生产企业对于"32 mm系统"的运用已日趋成熟。

已有专家预言：无论从绿色设计、技术加工，还是从消费观念来看，拆装家具都将成为世界家具发展的主流。

2. 拆装家具的基本概念

拆装家具一般是指用各种连接件或插接结构将零部件组装而成的、可以反复拆卸和安装的家具。"拆装"包括"拆卸"和"装配"两层含义，科学的组装是便捷拆卸的前提，能够拆卸的产品必然是经过有效合理的装配而构成的。

3. 拆装家具的特点

拆装家具的特点体现在家具产品生命周期的各个阶段。

（1）设计的标准化、通用化、模块化。

在设计时，把零部件的标准化、通用化、模块化放在首位，简化产品零部件的规格、数量；还可通过巧妙的结构设计，使家具易于拆装。例如，由德国设计师马蒂亚斯·德马克设计的组合桌是一个连接结构简单、材料也简单的设计。该设计非常容易装配，一块板材架上两根钢管，再通过插接，它就变成了一张餐桌或是一张咖啡几；通过插入多根钢管，还可以把几张桌子同时连接起来，如图5-3所示。

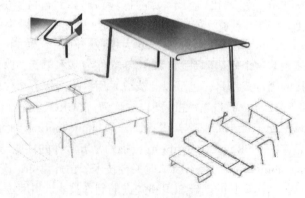

图5-3　组合桌

（2）简化零部件。

在生产时，由于简化了零部件的规格数，便于质量控制，因此提高了加工精度和生产率，相应地延长了设备的使用寿命，降低了产品的成本。

（3）标准规格的包装。

在包装储运时，可采用标准规格的包装，以便堆放，不仅有效利用了空间，还减少了搬运工作量，也将对产品造成的损坏降到最低。

（4）易于安装。

易于组装，甚至通过产品说明书，消费者就可自己组装。例如，美国设计师大卫·奎克（Davod Kawecki）设计的"谜题"扶手椅（图5-4），将椅子分成7个部件，通过在部件上设置精确的接口进行连接，这些部件可以用激光切割工具从一块平板上切割下来，再由消费者亲自组装。

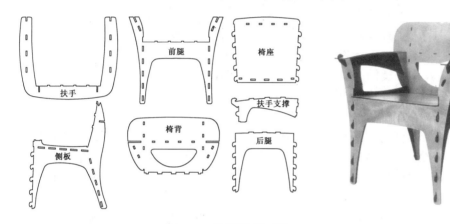

图5-4 "谜题"扶手椅

（5）多种功能的转换。

在使用时，力争实现多种功能的转换，并持久使用。例如，久字椅，原名为Tripp Trapp成长椅，因其极像中国的"久"字而得名。它本身既易于装配，也易于拆卸，而且椅座部件安装位置的变化，能满足一个人从小到大和人体变化的不同需要，其使用可谓悠久持续（图5-5）。

图5-5 久字椅

（6）易于拆卸。

在拆卸时，分离简单快捷，并减少了可回收零部件和材料再次使用所需的工作量；拆下的零部件易于手工或自动化处理。例如，2001年瑞士拉米诺（Lamello）公司设计的专业隐形连接系统（图5-6）引起了全世界家具行业的关注，隐形连接件利用磁场正负极的作用而牢牢锁住，它可抵抗的拉力达

图5-6 隐形连接系统

86 kg。用这种连接件结合的板件，虽然在表面上没有任何外露的接口，却可以用专业的工具迅速地将其拆卸或装配，真正达到了牢固、隐蔽和快捷的目的。

（7）回收时易于分类和处理。

在回收时，回收材料及残余废弃物易于分类和处理。

可见，拆装家具要求有高精度加工手段的支持，要求有成熟应用的新材料、新工艺和新方法的支持，还要有发达的零部件及接口所用配件工业的支持。拆卸设计的目标就是用最简单的工具快速拆卸符合质量要求的成品家具。

5.3.2 汽车的拆卸研究

近年来汽车工业的蓬勃发展，致使汽车的社会保有量急剧上升，与此同时，报废汽车的数量也在同步增长，因此，如何尽可能地提高报废车辆的再利用率及降低废弃物对环境的污染是当前汽车设计研究的一个重要问题，同时汽车的拆卸研究也成为汽车工业所面临的重要课题。

1. 国外报废汽车回收拆卸管理模式

（1）美国报废汽车回收拆卸管理模式

美国环境保护署针对报废机动车回收业制定法律法规，由各州环境保护局对报废机动车回收业实施管理和监督。

美国的汽车生产企业都积极致力于报废汽车的回收利用，并提供相应的拆卸技术资料。例如，通用公司建立并公布了自己产品的拆卸手册，并在国际拆卸信息系统（IDIS）上免费提供给各拆卸企业，其中详细叙述了拆卸时每一步骤涉及的车型零部件、材料、数量、质量及体积等。拆卸企业先将报废汽车通过预处理后，再将各总成部件如发动机、变速箱、前后桥、门窗、电机等零部件拆下来，经过检验，若未到报废程度，经修整和翻新后按旧零件价格出售。

（2）德国报废汽车回收拆卸管理模式

德国报废机动车回收的管理主要由政府部门和认证机构负责。政府主要起监管作用，由政府授权开展报废机动车拆卸企业认证的机构既有一定的政府职能，又有企业性质。认证机构根据政府的要求提出有关企业的资质条件，同时在为企业服务过程中收取一定的费用。

德国报废汽车回收的发展模式是汽车生产企业、汽车中间经销商、汽车最终消费者、报废回收站、专业拆卸厂、回收再利用企业等主体之间权责明确，分工清晰，使其能够在整个汽车生命周期过程中各司其职，有序运行。将管理制度、政策体系有效地和行业发展融合，对德国的汽车行业保值发展起到了积极作用。

（3）英国报废汽车回收拆卸管理模式

英国的国家贸易工业部负责管理车辆的年检、制造商和销售商协会、回收及拆卸企业等。英国环境、食品和乡村事务部通过政府代理机构英国环境署（EA）实施车辆回收和拆卸的资质认证、环保许可。

英国法规规定制造商建立回收网点和体系，或与已有回收机构（预处理机构，AFT）签约，要求签约时间为10年。回收企业在收到车辆后给车辆所有者发放销毁证书，并通知贸易工业部。拆卸企业是将零部件从车辆上拆卸下来，并对车辆进行无害化处理，即清除燃油和液体、电池、气囊等，以进行后续的再利用或处理，剩余的车辆残骸直接由挤压设备压成扁体。破碎企业将挤压后的车辆送入大型破碎机，切成碎块后进行筛选、分类，以达到分类回收利用的目的。

（4）日本报废汽车回收拆卸管理模式

日本的经济产业省和环境省主要负责制定报废机动车回收处理行业（主要是拆卸企业及破碎企业）的准入要求；国土交通省及其下属各地方陆运支局负责机动车户籍管理；各地方政府负责报废机动车回收处理行业的登记和准入审批；机动车回收再利用促进中心下设资金管理中心、信息管理中心、回收再利用支援中心，分别负责机动车回收处理中的资金管理、信息管理以及对机动车生产商或进口商实施废弃物回收处置的技术支持。

报废机动车的回收处理费用由车辆用户承担。车辆用户将报废机动车交给机动车回收企业，然后报废车依次由氟利昂回收企业、拆卸企业、破碎企业进行回收处理。日本对报废机动车的回收拆卸实行电子清单制度。在整个过程中各报废机动车处理单位向日本机动车回收再利用促进中心发送接收、转移的信息报告。由此，信息管理中心可以对报废机动车的数量以及每辆报废机动车的回收利用的实施情况进行实时跟踪，杜绝各个环节对报废机动车的不规范处理。

2. 国外汽车拆卸情况简介

（1）美国汽车拆卸情况。

美国是世界上最大的机动车生产和消费国家，每年报废的车辆超过1 000万辆。美国已成为世界上报废机动车回收卓有成效的国家之一。美国三大公司在底特律的海兰帕克建立了汽车回收中心，这是一座规模很大的现代化再制造零部件基地，工作人员都是由各公司自己派去的。在汽车回收中心，不断产生许多新的拆车思路，回收方案和技术诀窍也在不断发展和完善，拆得快，回收多，形成一种新效益。

由于汽车拆卸少有适当的经验可循，因此，欧洲一些国家建立了汽车拆卸实验工厂，用以研究汽车拆卸，为汽车拆卸提供实时资料。

（2）德国汽车拆卸情况。

德国建立了全国废旧汽车回收网。著名的汽车生产企业，如大众、宝马、梅赛德斯等建立了汽车拆卸试验中心，更有一批汽车回收企业对废旧汽车的发动机、轮胎、蓄电池、保险杠、安全装置等分类进行全过程处理。德国几家汽车制造厂和废旧汽车回收厂共同发起建成了示范拆卸厂，如柏林 ALBA 车辆拆卸工厂，其操作流程如图5-7所示。

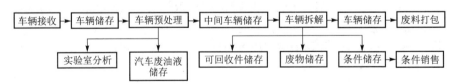

图5-7 柏林 ALBA 车辆拆卸工厂的操作流程

（3）法国汽车拆卸情况。

法国几家大型汽车企业，如标致、雪铁龙集团与法国废钢铁公司等在里昂附近建立了一个汽车拆卸试验工厂，以建立相应的技术档案和数据库。该厂的废旧车辆回收系统是由各种机床、附件、工夹具和控制系统组成的高效率、程序化的流水线。其主要工序是：先将废旧汽车送至预处理车间进行清洗和排污，再转入流水线，拆卸所有可再利用的零部件及材料，分别进行必要的技术处理，从而得到合格的零部件。

（4）意大利汽车拆卸情况。

意大利菲亚特汽车公司成立了汽车拆卸试验中心，研究简易拆卸技术，为拆卸厂家研制专用工具，编写拆卸手册。例如，按照他们研究的技巧，只要 20 s 就可迅速拆下塑料油箱，10 s 拆一根保险杠，不用 1 min 即可将座椅下的泡沫塑料剥下，拆下车窗和风挡也仅需 10 s。

3. 汽车拆卸过程研究

（1）汽车的人工拆卸过程。

汽车的人工拆卸过程主要包括预处理、拆卸、粉碎处理和运送三个环节，如表 5-6 所示。

表 5-6　汽车的人工拆卸过程

拆卸过程	内容
预处理	主要是放掉各种液体，其中有汽油、齿轮油、制冷剂、发动机冷却剂、发动机润滑等。除了上述液体外，零部件上还常常裹有油脂，要小心处置，以免造成环境危害；空调的制冷剂更要按规定处理
拆卸	首先拆掉电池、轮胎、油箱等，然后再开始拆卸复杂的和内部的零部件。汽车上可再循环的主要零件包括空气压缩机、发电机、制动助力器、底盘、联轴器、车门、保险杠、发动机等近 40 种零部件。零部件的回收具有很高的价值和利润，平均来说，循环零部件的价格是新品的一半，而且具有一样的质量
粉碎处理和运送	没有拆卸的部分由大型的轧碎机来粉碎。目前先进的轧碎机一般 45 s 处理一辆汽车。粉碎后的材料分为 3 类：铁和钢、非铁金属和疏松物。铁和钢用磁性法分离，然后送到冶炼厂；非铁金属的铝、铜等由其他回收商处理；疏松物主要是织物、橡胶、塑料、泡沫和玻璃等，这些物品利用价值较小，一般送到填埋厂

（2）汽车自动拆卸线。

汽车自动拆卸线可以实现以下目标：取得经济规模；降低劳动成本；更好地应用现代化的拆卸技术；使整个拆卸过程可以进行定量的分析；使拆卸程度最大化；扩大零部件和材料的回收范围。

1989 年，世界上第一个汽车再循环系统 CRS（Car Recycling System）投入运行，目前在美国、荷兰、比利时和德国都有这样的拆卸线。它有高效率的传送链，在 6 个工作站上进行连续的拆卸。具体经过了以下 5 个阶段，如表 5-7 所示。

表 5-7　汽车再循环系统 CRS 的拆卸过程

拆卸过程	内容
工作站 1：危险物和液体清除	在一个独立的工作站里进行，拆解电池、气囊、空压机、燃油、冷却剂和风挡清洗液。这个过程是为了防止在下一个拆卸阶段产生有害物质或污染；同时工作站也提供了更安全和舒适的工作条件；然后，汽车可以存放到仓库中以备连续地拆卸

续表

拆卸过程	内容
工作站2、3、4: 传送链上的拆卸	汽车安放在一个特制的运输车上,并运送到自动拆卸线的起点。装有特殊卡爪的起重机把汽车放在自动拆卸线的轨道式运输车上;连续拆卸玻璃、门、发动机盖和罩、保险杠、座椅、仪表板和内饰、前后灯和外饰件。这个过程在3个工作站完成
工作站5:动力和 传动件拆卸	利用定位倾斜机构,使汽车旋转180°。操作人员在移动的平台上拆卸,平台安装在自动拆卸线的两边。在倾斜的位置,拆卸发动机、变速箱和轮系,并拆除排气系统。拆卸后的汽车返回原来的初始位置
工作站6:底盘上 零部件的拆卸	首先卸下减震器和吸震器,并把重量大的零部件从底盘上卸下来。然后把所有剩余的零部件从底盘上卸下来,包括电线、取暖件、散热片、挡风玻璃刮水器、油箱。最后检查所有零部件是否拆卸完毕,保证只剩下一个空壳
后处理阶段	所有拆卸后的零件放在拆卸线边上的回收箱内,等待进一步的处理。壳体可以直接运到钢铁厂再利用,或由轧碎机粉碎

荷兰的两个公司还制造了半自动和全自动的拆卸线。半自动拆卸线采用悬挂式流水线的顺序作业方式,目前安装在美国的马里兰州。全自动拆卸线在一个单独的拆卸站上完成,用一个类似机器人的翻转升降机组,实现高度和角度的要求和调整,翻转升降机采用模块化设计,可以添加4个提升臂。

4. 我国汽车拆卸情况

我国报废汽车拆解行业起步较晚,在20世纪80年代才逐步兴起,主要经历了四个发展阶段:① 起始阶段:1980—1995年,只有国家物资部门才能收购报废汽车;② 过渡阶段:1996—2007年,汽车拆解业务逐步向市场开放,报废汽车回收拆解企业资格认证制度正式施行;③ 市场化阶段:2008—2018年,《机动车强制报废标准规定》等行业新规持续颁布,市场进一步开放;④ 完善阶段:2019年至今,随着"国六"排放标准政策出台,《报废机动车回收管理办法》《汽车零部件再制造规范管理暂行办法》等政策文件进一步规范行业发展,从多个方面破除了汽车拆解行业的政策藩篱,提升了市场活力。

据《2023年中国报废机动车回收行业专题调研与深度分析报告》,2021年,全国报废机动车回收数量达到300万辆的规模,较2006年的90万辆增加233%,年均增加15.57%。从重量来看,2021年回收量678万t,较2006年的180万吨增加277%,年均增加18%。2022年,全国报废机动车回收量为399万辆,同比增长33%,折合重量为821万t,同比增长21%。但我国汽车报废回收率不足1%,如果报废回收率能够达到3%,每年将会有900多万辆汽车报废,而美国、日本等发达国家汽车报废回收率达到7%,我国远低于发达国家。

目前,我国正在积极推进报废机动车回收产业园区的建设,力争将传统、落后的废旧汽车回收利用产业改造为节能环保型的现代循环经济产业,将粗放型废旧汽车回收利用产业提升为集约型的循环经济产业,将废旧汽车循环经济产业建设成为规模化、集约化、高端化、一体化的大型产业基地。例如，位于新疆伊宁市的一家报废机动车回收分拣中心，通过引进国内先进的报废汽车车身整体破碎生产线设备，实现现代化环保拆解、破碎，对可再利用的汽车零配件进行分类加工、检测、回收利用。其拆卸具体流程如下。

① 报废汽车通过报废汽车预处理流水线平台"去油"，就是为了防止废液污染。每辆汽车在拆解前，车内机油、燃油、防冻液、助力油、刹车油、玻璃水及氟利昂等液体都要被抽干。

② 通过大型工程机械对车辆金属外壳进行剪切，采用的是全程无火花、无烟雾的液压剪切，保证全程没有废气污染。

③ 汽车在流水线上缓缓推进并进行精细化拆解，拆除玻璃、排气管、车轮、橡胶制品部件、发动机、变速箱等；同时在拆解过程中，对挡风玻璃、轮毂、轮胎、大灯、电子零件、金属等进行回收，最大限度地实现资源循环利用。拆解过的汽车，资源综合回收率可达90%。目前，该中心年拆解能力为 15 000～20 000 辆。

思考与练习题

1. 拆卸性设计分为哪两类？
2. 拆卸性设计的特点是什么？
3. 对产品的拆卸类型和技术进行分析。
4. 可拆卸设计准则有哪些？
5. 拆卸并分析一件日用产品，对其拆卸性能进行分析。

第6章 绿色包装设计

6.1 绿色包装的研究内容

6.1.1 绿色包装的定义及内涵

绿色包装也称"无公害包装"和"环境之友包装"。我国包装界于1993年引入了绿色包装的概念。

绿色包装是对生态环境和人体健康无害、能循环利用和再生利用、可以促进持续发展的包装。包装产品从原材料选择，包装物制造、使用、回收到废弃物处理的整个过程均应符合环境保护和人体健康的要求。绿色包装的重要内涵是"3R1D"，即减量化（Reduce）、再利用（Reuse）、再循环（Recycle）和可降解（Degradable）。绿色包装应具备以下特点。

（1）实行包装减量化（Reduce）。包装在满足保护、方便、销售等功能的条件下，应是用量最少。

（2）包装应易于再利用（Reuse），或易于再循环（Recycle）。通过生产再生制品、焚烧利用热能、堆肥化改善土壤等措施，达到再利用的目的。

（3）包装废弃物可以降解（Degradable）腐化。不形成永久垃圾，进而达到改善土壤的目的。

（4）包装材料对人体和生物应无毒无害。包装材料中不应含有有毒性的元素、卤素、重金属或含有量应控制在有关标准以下。

（5）从系统工程的观点，依据生命周期分析法（LCA），包装制品从原材料采集、材料加工、产品制造、产品使用、废弃物回收再生，直至最终处理的生命周期全过程均不应对人体及环境造成公害。

根据2019年发布的国家标准GB/T 37422—2019《绿色包装评价方法与准则》，绿色包装指在包装产品全生命周期中，在满足包装功能要求的前提下，对人体健康和生态环境危害小、资源能源消耗少的包装。

6.1.2 绿色包装的分级

绿色包装是一种理想包装，完全达到要求需要一个过程。为了既有追求的方向，又有可供操作分阶段达到的目标，普遍将绿色包装的分级标准制定为两个等级。

A级绿色包装：指废弃物能够循环复用、再生利用或降解腐化，含有毒物质在规定限量范围内的适度包装。

AA级绿色包装：指废弃物能够循环复用、再生利用或降解腐化，且在产品整个生命周期中对人体及环境不造成危害，含有毒物质在规定限量范围内的适度包装。

上述分级，主要考虑的是：首先要解决包装使用后的废弃物问题，这是当前世界各国保护环境关注的热点，也是提出发展绿色包装的主要内容；在此基础上进而解决包装生产过程中的污染，这是一个已经提出多年，现在仍需继续解决的问题。生命周期分析法固然是全面评价包装环境性能的方法，也是比较包装材料环境性能优劣的方法,但在解决问题时应有轻重先后之分。采用两级分级标准,可使我们在发展绿色包装中突出解决问题的重点,重视发展包装的后期产业,而不要求全责备。在我国现阶段,凡是有利于解决包装废弃物的措施、能解决包装废弃物处理的材料都应给予积极地扶持和促进。

国标《绿色包装评价方法与准则》融入了全生命周期理念,从资源属性、能源属性、环境属性和产品属性四个方面规定了绿色包装等级评定的关键技术要求,对重复使用、实际回收利用率、降解性能等重点指标赋予较高分值。

6.1.3 绿色包装标志

1975年,世界第一个绿色包装的绿色标志在联邦德国问世。它是由绿色箭头和黄色箭头组成的圆形黄绿色图案,上方文字由德文"DER GRÜNE PUNKT"组成,意为"绿点"。绿点的双色箭头表示产品包装是绿色的,可以回收利用,符合生态平衡、环境保护的要求(图6–1)。1977年,联邦德国政府又推出蓝色天使绿色环保标志,授予具有绿色环保特性的产品,包括包装。

图6–1 德国绿点标志

联邦德国使用环境标志后,许多国家也先后开始实行产品包装的环境标志,如加拿大的枫叶标志,日本的爱护地球标志,美国的自然友好标志和证书制度,中国的环境标志,欧共体的欧洲之花标志,丹麦、芬兰、瑞典、挪威等北欧诸国的白天鹅标志,新加坡的绿色标志,新西兰的环境选择标志,葡萄牙的生态产品标志等(参见第2章)。

6.1.4 绿色包装法规

1981年,丹麦政府鉴于饮料容器空瓶的增多带来的不良影响,首先推出了《包装容器回收利用法》。由于这一法律的实施影响了欧共体内部各国货物的自由流动协议,影响了成员国的利益,于是一场"丹麦瓶"的官司打到了欧洲法庭。1988年,欧洲法庭判丹麦获胜。欧共体为缓解争端,1990年6月召开都柏林会议,提出"充分保护环境"的思想,制定了《废弃物运输法》,规定包装废弃物不得运往他国,各国应对废弃物承担责任。

德国积极响应欧共体的号召,于1991年通过了《德国包装法令》,随后又颁布实施了《循环经济与废物管理法》,规定商品生产者和经销者应回收包装垃圾,要求容器及包装物要贴绿色标志,绿色标志使用费视包装垃圾再生利用的难易程度而定。

奥地利于1992年推出了《包装法规》,后又公布了《包装目标法规》对其进行补充,要求生产者与销售者免费接受和回收运输包装、二手包装和销售包装,并要求对80%的回收包装资源进行再循环处理和再生利用。

法国1993年制定了《包装法规》,要求必须减少以填埋方式处理的家用废弃物的数量;1994年颁布了《运输包装法规》,明确规定除家用包装外,所有包装的最后使用者要把产品与包装分开,由公司和零售商进行回收处理。

比利时1993年通过了《国家生态法》,还制定了一种生态税,规定纸包装和重复使用的包装可以免税,其他材料的包装均要交税。

英国政府为了推动绿色包装的发展,不仅制定了《包装废弃物条例》,还由包装界、食品界的28家公司组成了"生产者责任工业集团",在全国推广包装废弃物收集与再利用处理系统。

美国也较早就注意到了包装废弃物的危害，各州均制定了相关的政策法规。1993年，加利福尼亚州政府专门制定了《饮料容器赎金制》，规定所有硬塑料容器的回收再利用必须符合1991年提出的减少10%的原料用量，或必须包含25%的可回收物质。佛罗里达州政府积极推行《废弃物处理预收费法》(简称AFD法)，把处理包装废弃物的费用让自由选择商品的消费者承担，以鼓励包装容器生产厂商回收再利用。AFD法规定只要达到一定的回收利用水平即可申请免除废弃物的税收，如根据美国环保局（DFP）每年公布的各种资料，凡回收率达50%以上的容器可免除预收费，以鼓励所有生产者保证他们的产品至少有一半可以回收利用。

1994年12月，欧共体发布《包装及包装废弃物指令》。该指令公布之后，西欧各国先后制定了相关的法律法规。与欧洲相呼应，美国、加拿大、日本、新加坡、韩国、中国香港、菲律宾、巴西等国家和地区也制定了包装法律法规。

我国自1979年以来，先后颁布了《中华人民共和国环境保护法》《固体废弃物防治法》《水污染防治法》《大气污染防治法》4部专项法和8部资源法，30多项环保法规明文规定了包装废弃物的管理条款。1984年，国家设立了环境保护委员会。1998年，各省市自治区绿色包装协会成立。

截至2023年12月，我国已发布带有"包装"字样的国家标准共578个，其中带有"绿色包装"字样的2个。2014年发布了GB/T 30963—2014《通信终端产品绿色包装规范》，该标准规定了通信终端产品绿色包装规范，适用于通信终端产品的各种包装物，该通信终端产品包括电话机、手机、传真机、调制解调器等。2019年发布的GB/T 37422—2019《绿色包装评价方法与准则》针对绿色包装产品低碳、节能、环保、安全的要求，结合GB/T 33761—2017《绿色产品评价通则》中绿色产品的定义，明确了绿色包装的内涵。

6.1.5 绿色包装设计的特点

传统的包装设计理论和方法是以人为中心，以保护商品为目的，以满足人的需求和解决包装问题为出发点，而无视后继的包装产品的生产和使用过程中的资源和能源消耗以及对环境的影响，特别是忽略包装废弃物对环境的影响。而绿色包装设计（Green Packaging Design，GPD）就是针对传统设计理论中的不足而提出的一种全新的设计理念。它将保护资源和环境的战略集成到生态学和经济性都能承受的新产品设计中，因此受到普遍的认同，也符合ISO 14000环境保护标准体系。绿色包装设计就是在包装产品的生命周期内，着重考虑产品的环境属性（可回收性、可自然降解性、可重复利用性等），并将其作为设计目标，在满足环境目标要求的同时，保证包装的应有功能（包装质量、成本、保质期等）。绿色包装设计包含了生态设计、环境设计等新的现代设计理念。绿色包装设计面向商品的整个生命周期，是从设计到产品的使用及包装材料的废弃回收的全过程；是从根本上防止环境污染，节约资源和能源，保护环境和人类的健康，实现可持续发展。绿色设计源于传统设计方法，又高于传统设计方法，强调在包装产品的开发阶段按照全生命周期的观点，对包装材料、包装方法及技术、包装工艺及生产过程、产品储存、运输及使用，特别是使用后的包装废弃物进行系统的分析与评价，消除潜在的对环境的负面影响。将"3R1D"[即减少（Reduce）、再利用（Reuse）、回收（Recycle）、循环设计（Design）]的原则引入包装产品的开发阶段，提出实现无废弃物设计。但是，现阶段"完全的绿色包装设计"是不可能的，因为绿色包装设计涉及产品生命周期内的每一个环节和阶段，即使设计时考虑非常全面，但由于新材料、生产工艺及技术、包装设备等的限制，在某些环节或多或少还会存在非绿色的现象，如塑料类包装材料、发泡缓冲类包装材料等还没有可降解的材料来替代。但通过绿色设计可以将包装产品非绿色现象降低。绿色包装设计与传统包装设计相比有如下特点。

（1）拓展了包装产品的生命周期。传统包装产品的生命周期是从"产品制造"到"产品使用"的过程，而绿色包装设计是将包装产品的生命周期延伸到了产品使用后的回收及利用。拓展生命周期，便于设计过程中从全局的角度分析、理解、解决与包装产品有关的环境问题以及材料可降解性和再生利用及废弃物的管理问题等，便于包装设计过程的整体优化。

（2）绿色包装设计是并行闭环设计。传统包装设计是串行开环设计，而绿色包装设计要求产品生命周期的各个阶段必须并行考虑，并建立有效的反馈机制，即实现各个阶段的闭路循环。

（3）绿色包装设计有利于保护资源、保护环境，维护生态平衡，实现可持续发展。

（4）绿色包装设计可以从源头上减少包装废弃物的产生，特别是不可降解的包装材料，消灭"白色污染"，有利于实现包装废弃物的回收和综合利用。

（5）绿色包装设计可以在包装艺术设计与包装产品设计、环境保护技术与包装产品设计、价值设计与包装产品设计等不同的层次上进行动态设计，确保包装设计的真正绿色和最优。

6.1.6 绿色包装设计的研究内容

绿色包装设计应从产品全生命周期的角度来考虑，其主要研究内容如下。

1. 选择和开发绿色包装材料

例如，英国 ICI 综合化学公司利用名为 Alcaligences eutrophus 的微生物，用葡萄糖和丙酸发酵生产出名为 **Biopol** 的"生态聚合物"，这种聚合物可以熔化、注塑和回收，性能和基于石油的塑料非常近似；而且，废弃后可以完全分解为 CO_2。这种材料问世之初，由于其价格昂贵，主要应用于医疗器械和高档化妆品的包装。一些企业还研究现有包装材料中有害成分的控制技术与替代技术，以及自然"贫乏材料"的替代技术。例如，美国一家公司用资源丰富的稻草和一些有机材料作为运输包装设计中的缓冲材料，取代对环境危害极大的发泡塑料。

2. 尽量使用回收得到的材料进行产品包装

回收重用包装材料，不仅能提高包装材料的利用率，减少生产成本，而且可以在包装材料的形成过程中节省大量的能源和其他的资源消耗，同时减少对环境的排放。例如，目前铝制饮料罐在世界上非常流行，日本铝制饮料罐的年产量高达 30 多万 t，占日本铝总产量的 8%，而将废铝罐再生成铝罐的年生产能力只有约 2 万 t，只占回收量的 1/4～1/3。然而在铝的生产过程中的能量消耗主要是在脱氧阶段，而金属铝的再生只需适当加热熔化，其能量消耗只占原铝（从氧化物提炼的纯铝）生产过程能耗的 1/20。另外，金属铝的再生还可以减少对宝贵的不可再生资源铝矾土的开发（回收 1t 废铝可节省 5t 铝矾土），因此通过加大废铝罐的收集、分类力度，经过一些加工实现铝的重用，将产生巨大的社会和经济效益。

3. 尽量选用无毒性材料，减少危险材料的使用

进行包装设计时应该尽量避免采用有毒有害的包装材料。欧美一些发达国家对此已有越来越严格的立法和规定，要求减少和避免使用含铅、铬、镉等对人体健康和生态环境有害的材料。一些国家和组织还限制 PVC（聚氯乙烯）等材料的使用，以减少其制造和废弃后对环境造成的危害，尤其是对添加了 Phthalate（邻苯二甲酸酯，一种增加 PVC 塑性的材料）的 PVC 加以限制，因为这种添加剂极易污染所包装的食品，对人体健康有很大伤害。

4. 改进产品结构，改善包装

改进产品结构，减小质量，也可改善包装、降低成本并减小对环境的不利影响。如增加产品的结构强度及其抗破坏能力，从而降低对包装材料的要求。美国 DEC 公司的研究表明，增加其产品的内部结构强度，可以减少 54% 的包装材料需求，并可降低 62% 的包装费用。

5. 加强包装废弃物的回收处理

加强包装废弃物（包括可直接重用的包装物、可修复的包装物、可再生的废弃物、可降解的废弃物等）的回收处理。例如，法国依云公司的矿泉水包装物在废弃后，可以沿垂直方向压缩 2/3 的体积，减少废弃物包装在回收箱中所占的空间，便于大量回收、再生。

6.2 绿色包装材料的选择

6.2.1 常用包装材料的特点

包装材料是用于包装容器制造、包装印刷、包装运输、包装辅助物和包装装潢设计以及一切与包装有关的材料的总称。包装材料按材质的品种大致可分为纸、塑料、金属、玻璃、陶瓷、木材、复合材料和其他材料等几大类，现简要介绍如下。

1. 金属

金属包装材料包括钢铁等黑色金属和铝、铜、锡、铅等有色金属。金属材料及容器的最大特点是有较高的机械强度，牢固、耐压、不碎、可延展、可咬合、可焊接、可黏结，具有优良的阻湿性和气密性，因此，金属材料在包装材料中占有相当重要的地位。化工产品以及一些液体、糊状、粉状食品或高级食品，贵重器材等商品多用金属材料包装。例如，当前包装用铝约占铝材总产量的 10%，其中 45% 为铝箔，用于药品及轻工产品包装。

2. 玻璃

玻璃是常用的包装材料之一。例如，1995 年全世界玻璃中空容器的产量约为 1400 万 t，主要作为包装材料而消耗。玻璃包装材料的发展趋势是改善玻璃性能，特别是玻璃包装制品的回收利用和碎玻璃的改进，降低单件玻璃包装容器的能耗和原料消耗。

玻璃包装容器的特点如下。

（1）化学稳定性好。

（2）阻隔性、卫生性与保存性好。

（3）一般不会变形。

（4）容易用盖密封，开封后仍可再度紧封。

（5）易于美化。

（6）原料丰富、成本低廉。

由于玻璃包装市场的稳步扩大，玻璃包装容器的总数量将不断增加。

3. 塑料

塑料也是一种重要的包装材料。由于塑料的强度高、韧性好、耐化学性优良以及易加工成型等特性，已得到广泛应用，其中包装一直是塑料使用的最大消费领域，占全部塑料消费的 1/4 以上。作为包装材料，塑料具有自身质量小、使用方便，阻隔性、渗透性、耐热性、耐寒性、耐蚀性好以及外形、外观色彩斑斓等特性。

塑料包装材料的突出缺点是不容易降解。现全世界每年塑料产量约 1 亿 t，其中 30%作为包装材料使用后被抛弃。目前在城市的固体垃圾中，约 10%是塑料垃圾。将塑料填埋在地下，可能几百年也不分解，而焚烧则会产生有毒气体。结果，塑料包装袋满天飞，造成了"白色污染"。

可降解塑料是新兴的塑料材料。随着全球对改善环境的诉求越来越强烈，使用可降解塑料被认为是根治一次性塑料"白色污染"最有效的解决方案。

4. 纸

相对来说，纸制品包装材料是一种环境友好的包装材料。与塑料不同，纸可以直接回收利用或用废纸再造纸，对环境影响较小。纸包装材料的特点也很明显。

（1）价格低廉，经济节约。

（2）防护性能好。

（3）生产灵活性好。

（4）储运方便。

（5）易于造型装潢。

（6）不污染内装物。

（7）回收利用性好。

5. 木材

木材作为包装材料，主要用于机电设备等大、中型商品的包装。但由于被包装物品的形状各不相同，因此木箱在拆封后，一般不能进行二次包装或重复利用，常被烧掉或扔掉，造成资源浪费。解决这一问题的途径：① 将拆开的木板用来制作桌椅、地板、三合板等；② 将木板化浆用来造纸。

6. 复合材料

复合材料是指由两种或两种以上物理和化学性质不同的物质组合而成的一种多相固体材料。复合材料可保留组分材料的主要优点，克服或减少组分材料的许多缺点，或产生原组分材料所没有的一些优异性能。复合材料是一种新颖的包装材料，发展很迅速，这是因为单一材料已不能适应现代包装的要求。复合材料不仅具有保护内装物、方便运输、促进商品出售等性能，而且具有防湿性、气密性、保香性、遮光性、防虫性、耐久性、卫生性、封口性、滑爽性、耐热性、耐寒性、透明性和高速加工性等。包装领域所用的复合材料主要是指"层合型"复合材料，即用层合、挤出贴面、共挤塑等技术将几种不同性能的基材结合在一起形成的多层结构。复合包装材料由基材、层合黏合剂、封闭物及热封合材料、印刷与保护性涂料等构成。

7. 其他包装材料

其他包装材料包括一些就地取材的材料，如柳条、草编织品、陶瓷容器和混凝土板材等。

6.2.2 绿色包装材料的分类

按照环境保护要求及材料用完后的归属，有学者将绿色包装材料大致分为3大类。

1. 可回收处理再造的材料

其中包括：纸制品材料（纸张、纸板材料、纸浆模塑），玻璃材料，金属材料（铝板、铝箔、马口铁、铝合金），线型高分子材料（PP、PVA、PVAC、ZVA、聚丙烯酸、聚酯、尼龙），可降解材料（光降解材料、氧降解材料、生物降解材料、光/氧双降解材料、水降解材料）。

2. 可自然风化回归自然的材料

其中包括：纸制品材料（纸张、纸板材料、纸浆模塑），可降解材料（光降解材料、氧降解材料、生物降解材料、光/氧双降解材料、水降解材料）及生物合成材料，植物生物填充材料，可食性材料。

3. 准绿色包装材料

即可回收焚烧、不污染大气且能量可再生的材料，其中包括：部分不可回收的线型高分子材料，网状高分子材料，部分复合型材料（塑–金属、塑–塑、塑–纸等）。

6.2.3 绿色包装材料的选择原则

绿色包装对材料的选择应遵循以下原则：① 优先选用可再生材料，尽量选用回收材料；② 提高资源利用率，实现可持续发展；③ 尽量选用低能耗、少污染的材料；④ 尽量选择环境兼容性好的材料及配件，避免选用有毒、有害和有辐射特性的材料；⑤ 材料应易于再利用和回收、再包装或易于降解。主要原则归纳如下。

1. 尽量选用无毒性材料

避免选用有毒、有害和有辐射特性的材料。例如，应避免使用含有重金属的包装物。

2. 选用可再循环的材料

选用回收和再利用性能好的包装材料是实现绿色包装的有效途径之一。

美国大力提倡回收利用废纸，促进企业用废纸生产纸板及包装材料。例如：美国Stone容器公司用废纸生产出cordeck瓦楞平板，用于商品的包装运输；R-Tech公司生产的E-cubes包装材料，是用回收废纸制成的，加入填充物后可包装易碎物品，与泡沫塑料相比，在填充使用中更为方便、快捷，可填充任何形状的商品，可回收，可生物降解，无毒；美国Longview纤维公司新推出一种高质量的手提包装袋，是用废纸生产的，且可生物降解，有利于环境保护。对于未来的发展，美国提出了废纸利用率要达到产纸量的50%。其中，新闻纸达到60%~70%，印刷纸达到40%~50%，卫生纸要全部以废纸为原料。

3. 选用再生材料

在包装材料中有许多是可以循环利用的，如钢材、木材、铝、铜制品等。这些材料在使用后，可进行再处理、再加工，仍可用于包装中。

可再生材料一是可进行无害化的解体；二是解体材料可再利用，如废弃物及垃圾。这些材料在使用后，通过物理或化学方法解体，会做成其他产品。

包装材料的制造需要消耗大量的能源和资源，因此如果能回收重用这些材料，不仅能提高包装材料的利用率，减少生产成本，而且可以节省大量的能源和其他的资源消耗，同时能减少对环境的排放。

例如，聚酯瓶在回收之后，可用两种方法再生：① 物理方法是指将回收的 PET 直接彻底净化粉碎，无任何污染物残留，经处理后的塑料再直接用于再生包装容器；② 化学方法是指将回收的 PET 粉碎洗涤之后，用解聚剂甲醇水、乙二醇或二甘醇等在碱性催化剂作用下，使 PET 全部解聚成单体或部分解聚成低聚物，纯化后再将单体或低聚物重新聚合成再生 PET 树脂包装材料。荷兰 Wellman 公司与美国 Johnson 公司对 PET 容器进行 100%的回收。

又如，一种防水加垫纸信封整体材料的 75%来自回收报纸，其中的护垫可以提供高效保护，同时利用了大量回收产品。这种防水、抗静电的信封 100%由回收纸制成，制作时附带了水溶性胶水。由于上述特性，该信封广泛适用于包括电子产品在内的许多商品包装，如图 6-2 所示。

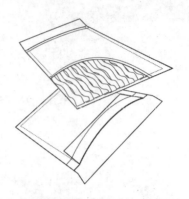

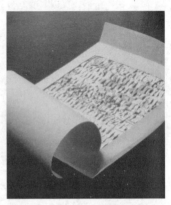

图 6-2　防水加垫纸信封

4. 选用可降解材料

可通过自然降解、生物降解、化学降解或水降解等多种降解方法来减小环境影响和危害。

例如，产品和食品的包装都需要对环境负责，垃圾也需要同样的包装，否则引起的环境问题也同样令人担忧。要建立有效的垃圾收集、回收系统，就需要有满足要求的垃圾袋。这些垃圾袋既不能增加垃圾总量，又要在使用过程中耐用、使用后可降解。这些可生物降解包装袋在承运过程中结实耐用，随后无毒害降解，因此较好地满足了上述要求。物质暴露在有氧和水的环境中分解较为容易，这种包装材料有助于加速垃圾在填埋后的分解过程。该垃圾袋也可用于腐化处理垃圾的盛放，因为整个包装都可以腐化而不必再行分离，如图 6-3 所示。

又如，土豆包装公司和阿派包装公司首先采用了土豆泥制作盛物盘或者用作盒装产品的内层包装（图 6-4）。该包装克服了产品交叉感染或产品泄漏的问题，质地轻脆而重量减轻，是一种可完全生物降解的材料，安全、环保地替代了其他包装材料。作为垃圾丢弃后，该材料可在几天内实现完全、无害降解。有关研究正在探索为土豆泥包装研制防水隔膜材料，现阶段经常采用一种合成聚酶薄膜来防止包装容器和产品直接接触。这些技术的拓展也许会给这一包装领域带来变革。

5. 尽可能减少材料

在满足一般包装功能和外观要求的条件下，尽量减少材料的使用；当包装的强度要求很高时，不一定能减少材料，可以考虑进行结构设计改进。减少材料的使用不但意味着减少了原材料成本和加工制造成本，也可能意味着同时减少了运输和销售的成本以及包装废弃后的回收再利用和处理成本。

例如，图 6-5 所示为系列包装的设计初衷是尽可能少地使用塑料。采用

图 6-3　可降解垃圾袋

长方体包装替代圆形包装后，单位个体包装可节约 26% 的空间。如果垒放得当，在运输、存放或销售过程中可以节约 30% 的空间。包装制造模具中就可以设置产品标志，这样就可以保证包装的用料单一，并便于有效回收。包装盖使用外触敏感型封口，也使得盒身可重复使用。该系列包装的材料为 HDPE（高密度聚乙烯）。

图 6-5　高密度聚乙烯包装盒

6. 尽量使用同一种包装材料

应该尽量避免使用由不同材料组成的多层包装体，以减少不同材料包装物的分离，提高包装物的回收和再利用性能。

例如，干电池包装一般由两部分组成：一部分是硬纸板；另一部分则是粘在硬纸板上的塑料空槽。图 6-6 的干电池包装不再使用塑料材料，而是完全采用纸材料制成，包装上设有开口便于看到商品。使用单一的材料使该包装便于回收，便于生物降解。可以根据不同型号的电池，设计不同的包装产品。

图 6-4　用土豆泥制作的盛物盘

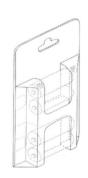

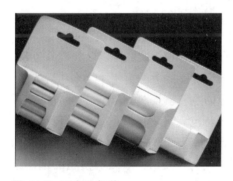

图 6-6　干电池包装

又如，纸板架的包装 100% 可回收、可多次使用。纸板架 100% 采用折叠型纸板制成，而没有使用任何木制材料。该设计大大节约了成本、减少了污染，同时还省去了木制包装的防虫害消毒程序。该包装总重只占木制包装的 1/3，可按照产品需求、规格批量生产。和木制包装箱相比，在该包装装配过程中无须用钉固定而同样安全有效，如图 6-7 所示。

6.3　绿色包装结构的设计原则

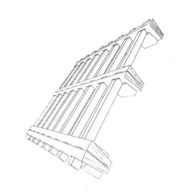

6.3.1　绿色包装选择的优先顺序

（1）没有包装。

图 6-7　纸板架

(2)最少量的包装。

(3)可返回、可重填利用的包装。

(4)可循环的包装。

没有包装或最少量的包装从根本上消除了包装对环境的影响;可返回、可重填利用的包装或可循环的包装其回收的效益和效果难以确定,它与消费者的观念及回收体系有很大的关系。

6.3.2 绿色包装结构的设计原则

1. 避免过分包装

有些产品,或是对包装的保护功能考虑过高,或是为了装饰和展示效果,存在过分包装的现象,如包装层次过多、包装成本超过产品成本等。过分包装不仅对消费者没有作用,还会造成资源浪费和环境污染。一般情况下产品的包装层次为1~2层,常见的为两层,即内包装和外包装,有的中间夹一层,也有用一层包装的。在进行包装设计时应考虑避免过分包装,如减少包装体积、质量,减少包装层数,采用薄形化包装等。

2. "化零为整"包装

对一些产品尽量散装或加大包装容积,对产品进行"化零为整"包装。发达国家在20世纪70年代就实现了80%~90%的水泥散装率。水泥散装率是衡量一个国家资源利用水平、经济增长方式和现代社会文明程度的重要标志之一。据统计,每用1万t散装水泥可节约袋纸60 t、造纸用木材330 m^3、棉纱0.4 t、烧碱22 t、电力7万kW·h、煤炭111.5 t,减少水泥损失500 t,综合经济效益32.1万元。在我国各项政策法规的推动下,我国2004年的水泥散装率已增长到33.47%。

3. 设计可循环重用和重新填装的包装

可循环重用和重新填装可以延长产品包装的使用寿命,从而减少其废弃物对环境的影响。要考虑包装物收集和清洗的成本,以及对环境的影响;要建立好相应的重新填装网络和体系。

平板玻璃包装运输系统的革新是可循环重用包装设计的典型案例。平板玻璃产品的传统运输包装是一次性使用的木箱或木封装箱。20世纪60年代以后,改为使用沉重、多次使用的钢制运输架。使用这些运输方式的同时仍然需要消耗大量的塑料、纸制、纤维垫护材料来防止玻璃移动而导致破损。采用护垫,需要大量的人工和包装时间,成本较高、不利于环保,增加了废物。传统包装体积庞大、在搬运过程中的破损也非常普遍。科卡平板玻璃包装系统(Kor-Kap Flat-Glass Packaging System)是一种享有专利的运输、存放平板玻璃的新方法,它只需要将玻璃的四角用钢包装,然后用钢条将四角串联固定就可以防止玻璃滑动(图6-8)。传统的运输方式采用木箱或钢架来承重,而科卡包装是利用玻璃本身良好的承压能力实现玻璃产品的自我承重。由于这个重大的改进,科卡包装中装载100~400张玻璃板的重量就可达到900~3 600 kg。如果把它们放在仓库中,可达5 m之高,托盘底部需要承受11 t的压力,安全系数选为5,它可以承受55 t的重量。

经过二次填充的打印机喷墨盒、碳粉盒可以使用5次以上。

图 6-8 科卡平板玻璃包装系统

可重新填装的包装在家用清洁产品等许多商品市场上都已使用，但在个人卫生用品或高档商品市场上，消费者还是青睐一次性包装的产品。叶夫罗氏（Yves Rocher）公司以柔性包装向消费者出售护肤用品及护发用品，并可多次重装。这种柔性包装比一次性包装瓶使用的材料大大减少，质地柔软可变，重量更轻，运输成本也大大降低。该包装材料为低密度聚乙烯（LDPE）。如果不同产品都使用不同包装，在产品使用后就会造成包装的大量浪费，柔性包装正是针对这一问题应运而生的（图 6-9）。

4. 包装结构设计

通过包装物的结构设计来实现绿色包装。例如，形状对产品运输的影响就很大，为了方便运输，应该尽量采用方形包装代替圆形包装；八角形的盒子装比萨饼比方盒子可以节约 10% 的包装材料。通过合理的包装物结构设计，可以使包装物另做它用，避免包装物的随意丢弃。例如，AT&T 公司设计的键盘的外包装就是键盘的防尘罩。通过新的包装结构设计，不仅节省了包装材料，还节省了包装的成本和空间。

（1）设计可拆卸性包装结构。

设计可拆卸性包装结构有利于减少包装回收利用的工作量，降低回收成本，提高回收价值。

例如，Green Bottle 是液体包装物，具有易拆卸的结构。它由一层纸外壳，内附有一层塑料内衬组成，可以盛装多种液体（图 6-10）。使用后，Green Bottle 很容易分离，外层纸外壳可以堆肥或当废纸回收，内层塑料可以在塑料回收设备中完成回收。Green Bottle 在配送中、销售中和居家使用中，与普通塑料瓶无异，但是它只使用了普通塑料瓶 1/3 的塑料，比普通的塑料瓶有更少的碳足迹。Green Bottle 在使用后，可以被很容易地打开，并将纸和塑料材质分离，其具体步骤如下：① 按压顶部阀的突起处，Green Bottle 分裂成两半，向下推动直至展开瓶子；② 轻松地将塑料从纸质外壳上剥离；③ 分离的两部分被分别回收处理，如图 6-11 所示。

图 6-9 柔性包装

图 6-10 Green Bottle 液体包装物

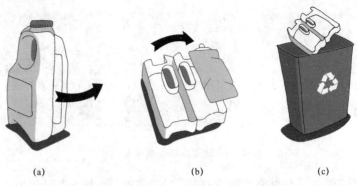

图 6-11 Green Bottle 的拆卸步骤
(a) 撕开包装物；(b) 移除；(c) 回收利用

（2）设计多功能包装。

例如，日本出现了一些多功能包装。把包装制成展销陈列柜、储存柜、玩具等，延长了包装的生命周期。

又如，为了防止宝贵资源在包装使用完毕后造成浪费，图 6-12 所示的案例设计旨在实现包装瓶作为其他产品包装的多用途、重复性使用，或者可以使其成为娱乐性或功能性建筑的材料。这些包装瓶按照统一规格制成，彼此可以纵向或横向连接在一起，连接时一个瓶口插入另一瓶的凹陷处，连接紧密而牢固。这些包装瓶是任何液体或固体产品的理想包装，通过创造性的设计可以增加这些包装的附加值，进而避免资源浪费。图 6-12 为利用喜力啤酒瓶完成的建筑物。

图 6-12 酒瓶制作的建筑

5. 改善产品结构

通过改进产品的结构和形态，提高产品的结构强度或减小产品的质量，可以降低对包装材料的要求或减少包装材料，也有助于简化包装。

6.4 绿色包装设计的案例分析

6.4.1 德国包装系统

德国的《废弃物处理法》最早是于 1972 年制定，但当时强调废弃物排放后的末端处理。1986 年将其改称为《废弃物限制处理法》，发展方向从"怎样处理废弃物"的观点提高到了"怎样避免废弃物的产生"。在此基础上，德国于 1991 年通过了《德国包装法令》，要求将各类包装物的回收规定为义务，设定了包装物再生循环利用的目标；1992 年通过了《限制废车条例》，规定汽车制造商有义务回收废旧车。在主要领域的一系列实践后，1996 年德国提出了新的《循环经济与废弃物管理法》，把废弃物提高到发展循环经济的思想高度，并建立了配套的法律体系。法律明确规定，自 1995 年 7 月 1 日起，玻璃、马口铁、铝、纸板和塑料等包装材料的回收率必须全部达到 80%。

德国在回收包装废弃物方面的法规是全世界最为完善的，其管理态度非常明确：首先是"避免产生"，然后才是"循环使用"和"最终处理"。

1. DSD（Duales System Deutschland）和"绿点系统"

在德国，从 2003 年起谁购买不可再生材料包装的矿泉水、啤酒以及软饮料，政府就要向他征收强制性押金。顾客只有在喝完饮品后将空包装送回到当初购物的店家，才可以返还押金。这一规定使这类商品越来越没有市场，迫使生产这类商品的企业主都想办法尽快成为包装回收组织 DSD 的成员。

DSD 是 1990 年在德国由 95 家包装工业、消费、零售企业发起成立的非政府性、非营利性的组织，目前有 1.6 万家公司加入，占包装企业的 90%。DSD 推行回收再利用包装的"绿色系统"，从法律上确立谁生产包装，谁就回收该包装的原则。

所谓"绿点"，就是在商品包装上印上统一的"绿点"标志（图 6-1），以表明此商品生产商已为该商品的回收付了费。所有"绿点"标志的商品，居民使用完后，就将它们放到特制的黄塑料袋子中，"绿色系统"的公司有专人定时来各家各户收取。"绿色系统"的根本意义是：通过商品包装条例，产品责任原则首次在法律上被确定下来；根据该条例的规定，商品包装的生产和经营者有义务收回和利用使用过的产品。

需要注意的是，"绿点"并不意味着商品是"绿色产品"。相反，德国搞生态食品的公司和商店一直都没买"绿点"。因为他们一直以避免为主，用的包装是环保的。

按照规定，DSD 企业成员向 DSD 组织支付了一定使用费后，就取得"绿点"包装回收标志的使用权。DSD 组织则利用成员交纳的费用，负责收集包装垃圾并进行清理、分拣及循环再生利用。不参加该组织的企业按照 1996 年颁布的《循环经济法与废料法》规定，自行回收处理包装材料。

使"绿色系统"得以顺利实施，使包装得以回收再利用的前提是垃圾分类，通过统一设置的垃圾箱来完成。黑色的垃圾箱专放生活垃圾，如剩菜剩饭等；绿色垃圾箱专放生物垃圾，如落叶、枝条等。黄色垃圾箱则属于 DSD 包装回收组织，可以放三类物质：第一类是纸包装，如报纸杂志、纸箱子等；第二类是轻包装，如塑料等；第三类是玻璃瓶。另外，每个居民小区还有一个分类更齐全的"绿点"包装回收站，那里的玻璃瓶垃圾箱又分成白色、绿色、棕色、杂色等几种。

在德国，倒生活垃圾需要付费。但是由于包装材料已由 DSD 企业成员付过费，因此消费者不仅不用交钱，而且还有专业人员定期上门回收包装材料。如果消费者对包装垃圾不进行分类，清理垃圾箱的次数便会增多，消费者就要为此多支付垃圾清理费，这是"绿点系统"鼓励消费者回收包装材料的得力措施。

这些包装材料由 DSD 组织回收后，运往该组织下属的专门的包装处理站。通过特殊的工艺，使包装材料最大限量地循环再利用。剩余的垃圾则用来焚烧发电或用作建筑材料及铺路材料。据德国联邦环境、自然保护、核安全和消费者保护部的数据，2003 年德国包装材料回收达到了 600 万 t。"绿点系统"的有效实施，使德国包装材料的回收利用率也不断提高，已从 1990 年的 13.6% 增加到 2002 年的 80%。产品包装的循环再生能力也不断加强，玻璃的再生利用率达到 90%，纸包装为 60%，而轻物质包装则是 50%。德国包装回收再利用率远远超过其他欧美国家。

另外，"绿点"标志使用费与包装材料的用量挂钩，产品价格又直接关系到企业的市场竞争力，这就迫使生产企业从源头上想尽办法使产品包装简化和包装材料方便回收和循环再生，而不把"绿点"标志使用费转嫁给消费者，这就是商品经济越来越发达，企业产品包装用量却增速减缓的原因。

鉴于"绿点系统"在德国的成功推行，法国、英国、比利时等欧洲其他19个国家也于1995年后开始实施"绿点系统"。1996年，欧盟包装回收再利用组织在布鲁塞尔成立，目前有企业成员9.5万个，每年回收再利用460亿个包装物。

2. 强制性押金制度

德国政府在2003年开始实行强制性押金制度。德国的包装法规定，如果一次性饮料包装的回收率低于72%，则强制性的押金制度必须实行。

德国开始强制实行这项制度以来，顾客在购买用塑料瓶和易拉罐包装的矿泉水、啤酒、可乐和汽水时，均要支付相应的押金，1.5 L以下的需支付押金0.25欧元，1.5L以上的则需缴纳押金0.5欧元。商店在顾客交回包装时将押金返还给顾客。但葡萄酒、白酒、牛奶、果汁等商品的包装不在规定之列。

为什么葡萄酒、白酒、葡萄酒、牛奶、果汁的瓶子可以"幸免"于押金制度呢？因为矿泉水、啤酒、可乐和汽水的包装回收率一直非常低，到1997年就根本达不到回收率72%的标准了。而烈酒、葡萄酒、牛奶、果汁等包装的回收率就高得多，因此它们不在押金制度之列。在德国，烈酒、葡萄酒、牛奶、果汁等都属于家庭型饮料，它们大多为玻璃瓶装，一般都被买回家来饮用，之后居民便会自觉地根据不同的颜色把它们放到不同的收集箱内，因此回收率较高。而啤酒、可乐等饮料则属于休闲型饮料，人们习惯于在户外或公共场合饮用，之后容易随手丢弃。在德国路边经常可以看到很多未被投入回收箱的空啤酒罐，这一点在德国青年中尤为严重。

表面上，押金制度是为了促进顾客退还空饮料罐，以提高回收率，实际上，德国政府相关部门的用意是让德国人改掉使用一次性饮料包装的消费习惯，转向更有利于环保的可多次使用的包装。矿泉水、啤酒、可乐、汽水包装大多为一次性的易拉罐或塑料瓶，尽管它们被收集后会被循环利用，再制成新的包装，但这一过程无论是回炉再生产还是重复的交通运输，都将造成很大的能源消耗，而能源的消耗直接与温室效应气体的排放挂钩。在最近10年中，德国一次性包装的市场份额增加了一倍，达到了24%。

据调查显示，89%的德国消费者赞成塑料广泛再造；40%的德国人拒绝使用没有回收价值的包装。因此，德国的强制性押金制度争议虽大，但是支持的人也不少。那些真正了解押金制度内涵、环境意识强的德国人都认为押金制度是迫切需要的。

6.4.2 芬兰包装业的可回收系统

芬兰包装业采用的是系统化的包装方式。它并不只是针对某个产品、某个公司或某个国家，而是着眼于从更高的层次来解决问题，这就需要包装生产商、供应商、产品包装商以及无数零售商、分销商等各个环节的通力合作。这不是一项简单的工作，它要求解决许多复杂的问题，但是它对环保的回报是显而易见的，而且顾客付出的成本也大大减少。

芬兰的瓶装业包括外卖的软饮料和酒类产品，其回收系统具有典型的示范意义，它真正实现了系统化，所有可重复使用的玻璃瓶（图6-13）、塑料瓶都按照标准设计制作。由于各个厂家之间达成的这种一致和统一，不论最初的生产厂家是谁，统一标准的瓶类包装都可回收给任意的饮料供应商，并在那里重新灌装，供应商的灌装设备也是与统一的瓶类规格相吻合的。

图6-13 可重复使用的玻璃瓶

在芬兰，啤酒瓶都统一采用棕色玻璃瓶，其他饮料则采用透明玻璃或聚酯乙烯瓶，90%的饮料采用了可回收、可重装的瓶类包装。平均每个玻璃瓶的使用寿命长达5~10年，每年重新灌装5次。瓶类的可返还重装取决于完整的可返还包装系统，如图6-14所示。消费者购买产品时为包装瓶支付一定的押金，并在退还包装时收回押金。包装供应商在运送新包装的同时就可以同时收回消费者退回的饮料瓶。甚至许多大型跨国公司都采纳了这样的方式，其中百事公司就采用了芬兰的饮料瓶。由于包装的统一化，为表明产品的身份或个性，需要设计师能做出更能表现品牌识别性的标志和图案。

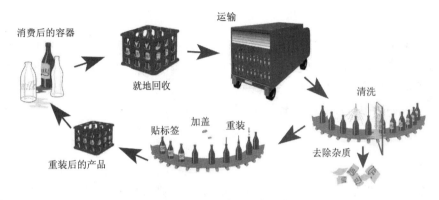

图6-14 可返还包装系统

芬兰还采用了同样规格的包装箱或包装盒，用于自产水果和蔬菜的销售，而进口的水果一律采用可折叠包装箱，如果批发商需要重新包装产品，则采用统一标准的包装箱。

芬兰是欧洲人均年产垃圾数量最小的国家，重新使用包装是重要的原因，功不可没。芬兰85%的玻璃、70%的塑料、90%的金属都可得到重新使用，在每年使用的120万t包装材料中（纸板除外），81万t是可重复使用的。芬兰的实践表明，系统化的包装方式并不只是针对某个产品、某个公司或某个国家，而是需要包装生产商、供应商、产品包装商以及无数零售商、分销商等各个环节的通力合作。这是一项细致而复杂的工作，但是它对环保的回报是显而易见的，而且顾客付出的成本也大大减少。

6.4.3 绿色奥运与绿色包装

奥运会被认为是当今全球最为盛大的公共活动之一。早在1988年的汉城奥运会上，可口可乐公司曾经使用了50万只全部用玉米塑料制成的一次性杯子。这种杯子只需40天就能在露天环境下"消失"。

1994年在利勒哈默尔举办的冬季奥运会上使用了Bic Pac公司开发的生物降解塑料（BDP）托盘、餐具等。据称，该BDP是淀粉基泡沫塑料复合Eastman公司开发的伊斯特（Eastar）生物。

1996年在美国亚特兰大举办的奥运会上，开始试用BDP包装材料。

2000年在澳大利亚悉尼奥运会上，使用了Mater-Bi包装材料，较成功地解决了垃圾处理问题，对绿色奥运会的成功举办起了积极的促进作用。Mater-Bi是意大利米兰地区的Novammont公司生产和销售生物高分子化学品的注册商标，这些产品是可以完全生物降解的并可取得再生资源。

2002年在美国盐城举办的冬季奥运会上，除加强回收利用外，也使用了BDP包装材料，使垃圾处理获得了较好的成效。据资料记载，这届奥运会产生的废弃物824t，再生利用量309t，堆肥化处理484t，填埋31t，回收利用率高达96%。

在2006年举办的都灵冬奥会上，都灵奥组委明确规定：在奥运场馆和比赛场地所使用的所有餐饮服务提供商提供的一次性餐具，必须是生物降解塑料制品。都灵奥运会得以实现这项目标要完全归功于Mater-Bi包装材料。

生物基塑料、新型石油塑料等新兴生物降解材料成为2008年北京奥运会绿色包装的主要材料。

2012年伦敦奥组委与英国的可再生包装集团、可口可乐公司和麦当劳合作，采用可生物降解塑料产品作为食物、饮料等的包装材料，减少浪费，确保所有奥运会的废弃物至少有70%将被重新使用、回收或堆肥。剩余的废物将被带走，用于产生电能，这有助于防止任何废物被送往垃圾填埋场。

1. 维西公司和悉尼2000年奥运会

与以往的奥运申办者不同，悉尼明确提出了"可持续发展"的理念。在悉尼2000年奥运会举办期间，有独立的环保机构来监督它所提出的环保诺言是否兑现，这在奥运会史上是第一次。事实证明，悉尼奥运会实现了申办时大多数的环保承诺。例如，奥运会各场馆90%的垃圾都得到了回收或多次使用，现代化科技尽可能地使信息以电子形式代替书面形式来传播。

在悉尼奥运会上，最终实现了50%的垃圾降解，30%实行回收，20%的垃圾做填埋处理，改变了奥运举办前80%的垃圾需填埋的局面。

澳大利亚的Visy集团是悉尼奥运会官方的包装及回收服务提供商。奥运会使用的包装在收集、回收、生物降解等各方面都有仔细的考虑，所使用的190多种包装产品中包括甘蔗制成的盘子，谷浆合成树脂制成的餐具、吸管、杯盖，以及由获得专利的隔热纸板制成的咖啡杯等。上述产品的总量为450万件谷浆制成的餐具、吸管和杯盖，700万个甘蔗制成的咖啡杯，以及600万件隔热纸板制成的咖啡杯。这些奥运会所使用的可降解材料同样被应用到其他场所。

其余30%的垃圾共0.3万t，这些垃圾同样也被回收，例如，铝和聚酯乙烯回收后用于生产饮料罐、啤酒瓶、其他酒瓶、三明治包装以及沙拉碗等。回收的聚酯乙烯软饮料瓶达200万个，铝罐达63万个，玻璃瓶达165万个，回收的碎纸和纸板使得0.7万棵树木免于被伐。

Visy集团还负责垃圾收集和分类等主要物流方面的问题。垃圾箱在设计上也必须有利于区分可降解垃圾（如纸张、食品）、可回收垃圾（如聚酯乙烯、玻璃、铝）以及其他种类，便于回收和处理。这就需要公众对环保的充分认识和大力支持，这也为运动会举办后社区对垃圾管理的参与打下了基础。为此，垃圾箱采用了清晰的外形和标志，并辅以色彩搭配。产品的信息和包装也被用来促进有效回收垃圾，这对避免垃圾在被丢弃时造成混杂非常重要。图6-15所示为悉尼奥运会采用的快餐包装制品。

图6-15 悉尼奥运会采用的快餐包装制品

2. Mater-Bi产品和都灵2006年冬奥会

Novammont公司在研究和开发基于淀粉的生物可降解的热塑材料领域是一个具有国际领先地位的公司。作为研发成果的Mater-Bi产品是新一代的生物塑料，即淀粉/化学合成生物降解塑料。Mater-Bi产品主要取自于天然可更新的资源。它对环境的影响达到最小化，同时保持传统塑料的特性，而且在一个堆肥周期内可以完成生物降解，通用性和安全性能更高。Novammont 公司为都灵奥运会提供了多方位的服务，包括生产一次性餐具制品、一次性垃圾袋、食品包装袋等。包括麦当劳和可口可乐在内的所有餐饮供应商都使用了 Mater-Bi 餐具制品，实现了都灵冬奥会提出的环境目标，"不遗余力"地将白色垃圾赶出了都灵。图 6-16 所示为麦当劳使用的可降解餐具和自然降解试验。

(a)

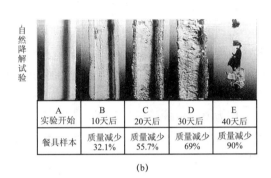
(b)

图 6-16 麦当劳使用的可降解餐具和自然降解试验
(a) 可降解餐具；(b) 自然降解试验

3. 绿色奥运和北京 2008 年奥运会

绿色奥运是北京自申办之日起就提出的一个重要的理念。有学者将绿色奥运的内涵概括为 3 个方面：① 大规模、全方位地推进城乡绿化美化建设和环保产业发展，提高生态环境质量；② 把环境保护作为奥运设施规划与建设的首要条件，广泛采用环保技术和手段；③ 大大增强全社会的环保意识，提高环境治理水平，建设生态城市。北京奥组委提出，实现绿色奥运的基本目标应包括生态环境建设和保护，大气、水体、土壤等环境污染的防治，以及奥运设施建设与活动中生态环境保护的内容。北京的绿色奥运同时有特定的含义和时代背景，它针对的是北京这座历史文化名城在向现代国际大都市发展时所遇到和将要遇到的问题。北京绿色奥运的宗旨可以概括为：为奥运会提供一座具有空气清新、水质洁净、环境优美、节约能源和资源、市民具有良好环境道德意识的生态城市，并具有良好生态系统服务功能的世界一流的生态城市。

绿色包装的设计理念已充分体现在北京 2008 年奥运会上。例如，可以采用生物降解材料制作的产品有：一次性餐饮用品——餐盒、刀叉、勺、饮水杯、吸管；包装材料——各类产品（食品、饮料、纪念品）包装袋；拉拉队用品——喇叭、哨子、彩带、小国旗、荧光棒；场馆标志牌——路标、赛区标志、场馆标志、桌牌、胸牌；宾馆用品——一次性鞋子、牙刷、梳子；卫生用品——棉签棒、垃圾袋、一次性垃圾筐；其他——遮阳伞、扇子、眼镜框架、手提袋等。

4. 力争全方位绿色的伦敦 2012 年奥运会

2012 年伦敦奥运会前，伦敦奥组委的目标是成为第一届零废物填埋区奥运会。为此，英国国家生物可再生能源、燃料及材料中心（NNFCC）曾上书奥运交付管理局和伦敦奥组委，建议在整个伦敦奥运会期间都使用可再生包装。NNFCC 认为，几乎 40%的废弃物可能与食品包装有关。因此，伦敦奥组委与英国的可再生包装集团共同合作并建立了堆肥包装供应链。伦敦奥组委与 NNFCC 协商后，执行了新规则，力争使每一个食品和饮料包装使用后都要进行回收或堆肥。执行新规则的包装包括快餐包装、饮料纸盒以及三明治盒，它们均使用生物基塑料改性纤维素以及共同混纺聚酯和淀粉构成。这些材料符合欧洲标准 UNIEN13432，都适用于堆肥处理和厌氧消化处理。所有堆肥材料将被贴上橙色的回收标志，回收材料将有一个绿色的符号来将他们从非循环再造和堆肥废物区分出来，然后把这些标志贴在奥运场馆周边相应的垃圾桶上。

可口可乐公司一直致力于回收被弃置在奥运会和残奥会场馆的所有软塑料瓶，并在 6 周内重新循环利用。伦敦奥组委的合作伙伴 SITA 公司会将这些软塑料瓶回收，并将其加工成食品级 RPET 鳞片，然后运到可口可乐公司在英国的一个生产基地，经过重新生产变成新的塑料瓶。

作为奥运会的长期赞助商，麦当劳为客户提供的杯子、餐具、吸管和饮料瓶盖等都执行欧洲标准 UNIEN13432，用可生物降解和可堆肥的生物塑料制成。

志愿者和技术官员制服均采用了环保材料。如志愿者穿着的马球衫和外套外层由 100%再生涤纶制造，包和水壶为 100%可回收材料。技术官员穿着的西装外套和衬衫也含有再生涤纶。制服的生产过程也以尽量减少温室气体和废物排放为宗旨。

另外，伦敦奥运会在场馆建设方面尽量做到了节能和环保。不仅其主场馆"伦敦碗"采用了可拆卸的设计，而且奥运会结束后，大部分的奥运场馆建筑都会根据各自的实际需要，或全部拆除运到别处重建，或拆除可循环使用的临时座椅后对公众开放。

5. 绿色、低碳、可持续的 2022 年北京冬奥会

2014 年 12 月国际奥委会通过的改革方案《奥林匹克 2020 议程》将"可持续性"确定为奥运会的三个基础性主题之一，这有利于推动奥运会举办国和城市将可持续性的相关原则和要求纳入筹办和举办全过程以及赛后的利用。

北京作为"双奥会"举办城市，对 2022 年北京冬奥会所需场馆和 2008 年北京夏奥会遗留场馆进行统一规划，对 7 个夏奥会场馆进行改造升级，使其能够增添服务冬奥会办赛的功能和需求。而所有新建场馆采用高标准的绿色设计和施工工艺，在节能、低碳能源等方面成为示范。

首钢滑雪大跳台是在首钢遗址上建造的，它是世界上首个永久性的单板大跳台。赛后已成为重大赛事举办地和群众健身休闲场地。大跳台利用原有的冷却塔和制氧厂等工业资源进行升级改造建设而成，是北京冬奥会历史上第一座与工业遗产再利用直接结合的竞赛场馆。两个 25 000 平方米的精煤车间经过改造，成为短道速滑、花样滑冰、冰壶、冰球冬奥训练场馆"四块冰"。首钢工业遗址的改造具有典型的可持续性意义。

中国首次在冬奥会上使用从工业废气中收集的二氧化碳来冷却冰上场馆，取代了会破坏臭氧层的氢氟烃。且这种制冰技术与传统技术相比较，可以节省 20%~30%的电力。

"绿色冬奥"是北京 2022 年冬奥会的一项重要理念，冬奥会有大量环保元素，如服装、餐具、塑料袋、包装袋。冬奥场馆里使用了生物基可降解餐具，这些餐具是以玉米、薯类、农作物秸秆等可再生资源为原料发酵生产出来，并进一步纯化聚合制备成的高纯度聚乳酸作为原料生产。这些餐具在使用和生物降解过程中不产生有毒有害物质，具有一定耐菌性、阻燃性和抗紫外线性，健康环保又安全。为了减少赛事期间的白色污染，冬奥会延庆赛区使用了10万个可降解塑料袋，该塑料袋耐用且具有较好的热稳定性和力学性能，又具有优良的生物降解性，在堆肥条件下能够完全降解为水和二氧化碳，可有效减少白色污染。北京冬奥会所有场馆的清废团队的工作服套装是采用RPET材质（饮料瓶再生材质）制成的。

6.4.4 中国散装水泥的推广与发展

1. 我国散装水泥的发展现状

我国水泥业是高物耗、高能耗、高污染的行业。这种模式造成了自然生态恶化、环境污染严重。发达国家早在20世纪70年代就实现了80%～90%的水泥散装率。2004年中国水泥总产量达9.35亿t（当年增长1.2亿t），已连续20年居世界首位，占世界总产量的1/3以上，而散装水泥供应总量为3.13亿t，水泥散装率为33.47%。2008—2011年全国散装水泥供应量以平均18.84%的年增长率快速发展，供应量由2008年的6.36亿t发展到2011年的10.68亿t（首次突破10亿t），水泥散装率由2008年的45.82%提高到2011年的51.78%（首次超过50%）。2018年为66.92%，远低于发达国家的散装使用率，且地区发展极不均衡。

散装水泥是指不用纸袋包装，直接通过专用器具进行生产、出厂、运输、储存、物流配送和使用的水泥。散装水泥是贯穿生产、流通、使用全过程中以先进生产方式替代落后生产方式的重大变革；是实现水泥产业结构调整、构建现代化产业链的必由之路。大力发展我国的散装水泥产业，也是贯彻科学发展观、建设节约型社会的必然要求。发展散装水泥的经济和社会效益有以下几点。

（1）节约资源，减少浪费。

"九五"期间，全国通过发展散装水泥所节约的包装纸，折合优质木材1 424万m^3，相当于4个大兴安岭的木材年采伐量；节煤334万t，相当于一个中型煤矿的年产量；节电31亿kW·h；节水5亿多t；减少包装袋破损水泥损失2140万t，相当于8个冀东水泥厂的年产量；创造综合效益441亿元。仅2004年我国生产和使用袋装水泥浪费的资源就高达314亿元，巨大的浪费是触目惊心的。

（2）降低污染，保护环境和劳动者身心健康。

袋装水泥从生产企业出厂包装，到装、卸、储、运、拆包、使用各个环节都会造成严重的粉尘排放（可吸入颗粒物）环境污染，特别是在流通环节所造成的污染和浪费相对于其他产品尤为严重。据北京环境科学院测定，每吨袋装水泥粉尘排放为4.48kg，比散装水泥高出16倍，是大气环境的主要污染源之一，也对相关岗位劳动者的身心健康造成了严重损害。建筑施工使用袋装水泥，工地现场搅拌混凝土和建筑砂浆造成的粉尘污染和噪声污染（一般在80dB以上），使人居环境严重恶化。显然，发展散装水泥也是落实以人为本、构建和谐社会的重要体现。

（3）促进建筑施工现代化，提高建筑工程质量和劳动生产率。

使用散装水泥及预拌（商品）混凝土和预拌砂浆，是由工厂化生产的、经过科学标准的建筑原材料配比而成的商品，通过配套的设施设备进行施工，可以确保建筑工程结构质量，大大加快工程的施工进度，从根本上杜绝了因建筑工地现场搅拌而可能人为造成的工程原材料配比掺假而埋下的安全隐患，而且避免了工地水泥扬尘和现场搅拌的噪声污染，减少了大量的装卸、拆包及现场搅拌的人力，提高了效率，降低了成本，提高了建筑企业的经济效益。

2. 推动我国散装水泥发展的现行体系

（1）政策法规体系。

1985年，国务院印发了《国务院批转国家经委关于加快发展散装水泥的意见》（国发〔1985〕27号），明确了"限制袋装，鼓励散装"的产业方针，提出了"实行差别税率"和"建立散装水泥专项资金"的具体政策措施以推动散装水泥发展。

1997年，国务院批复内贸部、国家计委、国家经贸委、财政部、建设部、国家建材局的意见，印发了《国务院对进一步加快发展散装水泥意见的批复》（国函〔1997〕8号），明确散装水泥工作的行政管理部门，进一步提出了"将继续实行并适时调整征收散装水泥专项资金的政策"。

2002年，财政部会同国家经贸委出台了《散装水泥专项资金征收和使用管理办法》（财综字〔2002〕23号），对1998年财政部印发的《散装水泥专项资金管理办法》（财综字〔1998〕157号）文件做了修订。全国各地都据此文件制定了实施细则。此项资金政策的颁布实施有效地推动了散装水泥的快速发展，全国水泥散装率从1997年的15%上升到2004年的33.47%。

2004年，商务部、财政部、建设部、铁道部、交通部、国家质监总局、国家环保总局联合颁发了《散装水泥管理办法》（2004年第五号令），进一步强调和完善了全国发展散装水泥的政策法规，明确了各有关方面共同推动散装水泥发展的工作职责。

2011年，商务部《关于"十二五"期间加快散装水泥发展的指导意见》明确要求"以建设资源节约型、环境友好型社会为主线，延伸散装水泥产业链，加快预拌混凝土、预拌砂浆产业发展，实现产业结构优化升级"。可见，推进散装水泥产业向绿色低碳发展是实施绿色增长战略的一条重要途径，也是实现国民经济可持续发展的重大举措。为此，应从我国实际出发，探索出一条具有中国特色的发展散装水泥的绿色低碳经济之路，促进水泥生产、流通和使用全过程的散装化、绿色化、低碳化、集约化和产业化。

（2）组织管理体系。

散装水泥产业涉及生产、流通和使用的各个环节，一个职能部门无法进行协调。国务院国函〔1997〕8号文件明确指出："各级散装水泥办公室是散装水泥工作的行政管理部门，对本地区散装水泥的发展负有行政管理责任。"国家在历次机构改革中都保留了全国散装水泥办公室（现设在商务部）；各省（自治区、直辖市）、地（市）、县（市）设在不同主管部门的883家散装水泥办公室（工作人员4 976人），分别在建设厅、商务厅、经（贸）委、发改委等主管部门的领导下建立了较完整的散装水泥管理机构和工作机制，为散装水泥的发展提供了组织保障。各级散装水泥办公室在制定和贯彻本地发展散装水泥政策法规，协调生产、储存、运输、使用各环节的关系，宣传散装水泥相关政策，依法规范散装水泥市场，组织开展行业标准化及科技项目的研发,向国家统计局按时报送散装水泥行业的统计资料,会同财政部门在专项资金的征收、管理、使用职责等方面发挥了重要的职能作用。

(3)散装水泥专项资金管理体系。

"散装水泥专项资金"政策是国家出台的一系列促进散装水泥发展的核心政策之一,对"限制袋装,鼓励散装"起到了十分有效的政策导向作用。按照现行政策规定:"对水泥生产企业销售袋装水泥,按照不超过每吨1元标准征收散装水泥专项资金;对使用袋装水泥的单位按照最高不超过每吨3元征收散装水泥专项资金。"征收的专项资金全部缴入地方国库,纳入地方财政预算,进入"8016"专户,实行"收支两条线"管理。按照财政部规定的程序,专项资金使用基本上做到了严格审批,专款专用。各地散装水泥行政管理部门经常会同当地财政、审计等部门对专项资金政策的执行情况进行检查,使专项资金征收、管理、使用各环节做到严格、规范。

全国散装水泥发展的实践证明了"专项资金"政策的重要作用。

① 有力地发挥了政策的促进效力。对生产和使用袋装水泥造成资源浪费及环境污染的企业,用经济的手段对其进行相应的责罚或补偿,承担必需的经济和社会责任,是国际上通行的做法,符合加快建设节约型社会的要求。特别是对占全国水泥生产企业70%的那些生产条件落后、能耗高、污染大、资源浪费严重的小水泥企业,对其加快企业产能结构的调整起到了积极的促进作用。

② 较好地发挥了经济政策的引导作用。2001—2004年,专项资金以贷款贴息、投资补贴等形式投向散装水泥生产、储运和使用方面的资金为10.5亿元;用于科技研发、宣传推广、规范和管理散装水泥市场等方面的投入为2.7亿元;专项资金所带动和吸引的社会资金投入达3 000多亿元,专项资金与社会投入比例达1:20,起到了"四两拨千斤"的经济杠杆作用。

③ 专项资金有效地启动了农村散装水泥市场。各级散装水泥办公室根据各地农村的实际,组织研制和开发了一系列适合小城镇和农村使用散装水泥相配套的小型运输、储存设施设备,并将其中的散装水泥流动储罐等设备免费提供给农民经销户,使散装水泥销售网点从城市延伸到了万村千乡。农民能像买散装粮食一样,可根据需要随时到经销点购买到散装水泥,不仅省去了囤积袋装水泥的场地,而且免去了储存水泥、防潮、破损、污染等后顾之忧,受到农民的欢迎。为了"以点带面"开拓全国的散装水泥市场,到2006年,国家和各省两级散装水泥办公室已培育了23个"国家级"和32个"省级"农村散装水泥示范县(市),使全国农村散装水泥使用量逐年大幅增长。

④ 科技研发和标准化的投入,提高了我国散装水泥装备技术的科技水平。专项资金支持了一批散装水泥设施设备的国产化和标准化的研发项目,使国产装备技术性能不断提高,标准化工作使我国的散装水泥装备技术向国际化和规范化方向发展。2016年,财政部发通知将散装水泥专项资金并入新型墙体材料专项基金,停止向水泥生产企业征收散装水泥专项资金。将预拌混凝土、预拌砂浆、水泥预制件列入新型墙体材料目录,纳入新型墙体材料专项基金支持范围,继续推动散装水泥生产使用。该通知自2016年2月1日起执行。

6.4.5 日本包装减量化的典型案例

当今,环保型、循环型的包装设计已经成为日本包装市场发展的重要方向，这与日本采取的相关政策有很大的联系。

1991年，日本颁布《资源循环促进法》（后修订为《循环资源利用促进法》），坚持环境保护与经济发展并重的原则。

1999年，日本工业结构委员会发布《创造可循环经济体系报告》，强调重点从最初的R（再循环）扩展到"3R"（减量化、再利用、再循环），制定有关实施"3R"系统的商业、市民、地方政府和其他方面的条例。"3R"概念已经在日本开始实施，在包装行业中已经开始开展"3R"项目；同时，一些市民团体推行"4R"运动，即减量化、再利用、再循环和拒绝使用。

2000年6月，日本颁布法律，倡议建立循环型社会，提出了建立循环型社会的框架和步骤，如《容器和包装循环法》（1995年6月通过，2007年部分条款强制执行），目的是通过更有效地使用容器和包装废品来减少垃圾的产生（这部分废品约占家庭废品的60%）。其基本原则为人人有责。消费者要根据目录对废品分类，相关部门要收集这些经过分类的废品，企业要将这些收集的可循环物品加工成新产品。

1. 日本有关通用设计包装的执行要求

（1）便于开启和取用。

通过正确的方式就能方便地开启容器，开口裁切整洁，盖子松紧适度；同时，取出内装物品时不会弄脏容器或包装，还要考虑重新封闭容器的性能。

（2）使用方便。

说明和标志必须便于使用；同时，包装不会造成使用者被割伤、被烧伤或导致盖子掉落进内装物品的状况。为避免此类事故发生，标签必须妥善贴置。

（3）容易处理。

包装结构设计必须是玻璃瓶盖和塑料盖，容易分离，或纸和塑料容易分离。使用产品后，包装要容易压缩以减小体积。

（4）保证安全。

设计必须保证消费者使用的安全性和灵活性：便于持握（尽可能单手操作），高稳定性（不会导致事故发生），握住时不会滑脱，具有绝热或抗寒性（双层结构），容易操作（单手操作等）。

2. 包装行业采取的措施

（1）减量化措施。

包括将包装材料的用量降低到最低限度；将废品降低到最低限度；减小包装的体积和质量；采用薄型、轻质和小型容器；采用可以重新罐装的容器以减少包装数量；改变包装材料。

（2）环保措施。

增加可再生林业资源，使用非石油原料（改变可扩张的聚苯乙烯材料，开发具有隔热性的防水型瓦楞纸箱，使用可生物降解塑料）；使用低卡路里燃烧的材料，处理时不会造成焚化炉的损坏；根据LCA评估标准挑选减小环境污染的材料；以LCA评估标准为依据，建立并推广"Ecoleaf"环保标签项目，鼓励水上交通，减少CO_2排放（减少PD能源）；开展自愿从事环境保护、减小环境污染等活动；获得环境ISO（14000系列）认证；使用小排量商务车。

3. 典型案例

（1）索尼公司电子产品的新包装。

索尼公司基于"Reduce、Reuse、Recycle、Replace"("减少使用、重复使用、循环使用、回收再用")四原则来推进该公司的产品包装。他们不但遵循"减量化、再使用、再循环"循环经济的"3R"原则,而且还在替代使用上想办法,对产品包装进行改进。1998年,索尼公司对大型号的电视机的泡沫塑料材料(EPS)缓冲包装材料进行改进,采用8块小的EPS材料分割式包装来缓冲防震,减少了40% EPS的使用;有的产品前面使用EPS材料,后面使用瓦楞纸板材料,外包装采用特殊形状的瓦楞纸板箱,以节约资源;另外,对小型号的电视机采用纸浆模塑材料替代原来的EPS材料。

(2)大日本印刷株式会社的新型包装。

该企业产品包装贯彻环境意识的四原则,即包装材料减量化、使用后包装体积减小、再循环使用、减轻环境污染的原则。

① 包装材料减量化原则:采用减小容器厚度、薄膜化、削减层数、变更包装材料等方法。

② 使用后包装体积减小原则:采用箱体凹槽、纸板箱表面压痕、变更包装材料等方法。

③ 再循环使用原则:例如采用易分离的纸容器,纸盒里面放塑料薄膜,使用完毕后纸、塑分离,减少废弃物,方便处理。

④ 减轻环境污染原则:在包装产品的材料、工艺等方面进行改进,减少生产过程中 CO_2 的排放量,保护环境。

(3)东洋制罐株式会社的包装产品。

由东洋制罐株式会社开发的塑胶金属复合罐,以PET及铁皮合成,主要使用对象是饮料罐。这种复合罐既节约材料又易于再循环,在制作过程中低能耗、低消耗,属于环境友好型产品。东洋制罐株式会社还研发生产一种超轻级的玻璃瓶材料,用这种材料生产的187 mL的牛奶瓶的厚度只有1.63 mm,重89 g(普通牛奶瓶厚度为2.26 mm,重130 g)。这种牛奶瓶比普通牛奶瓶轻40%,可反复使用40次以上。东洋制罐株式会社还生产不含木纤维的纸杯和可生物降解的纸塑杯子。东洋制罐株式会社为了使塑料包装桶、瓶在使用后方便处理,减小体积,在塑料桶上设计几根环形折痕,废弃时可很方便折叠缩小体积,这类塑料桶(瓶)种类多,包括从500mL到10L容积的多种规格产品。

从以上几家日本公司包装产品的实际案例,我们可以清楚地看到日本在包装减量化方面做了大量富有成效的研究、开发。

6.4.6 多层瓦楞纸板箱在中国

1. 多层瓦楞纸板箱(Tri-Wall Pak)的含义

Tri-Wall,英文意义是三维墙体,日文音译成中文是"特耐王"。特耐王包装(Tri-Wall Pak)原意为多层瓦楞纸板,是享誉全球的纸质容器,包括一种五层、七层全A楞型结构的重型纸箱和一种由塑钢聚酯底托、七层A瓦围板和塑钢聚酯上盖配套制成的Uni-Pak周转箱。这两种箱型广泛应用于机械、汽车零部件、计算机、金属、陶瓷、化学品、农作物等行业的物流包装与运输,具有质量小、成本低及适合印刷、回收环保等优点,能替代出口产品的木箱和工厂内部周转的铁箱,如图6-17~图6-22所示。

图6-17 纸托盘

图6-18 传动轴内装

图6-19 汽车前翅包装展示

图6-20 汽车差速器内装

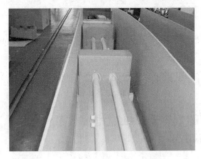
图6-21 长杆件内包装图

图6-22 高强度瓦楞纸箱包装矿石

图6-23 重型瓦楞纸箱抗压试验

1952年，美国Tri-Wall公司成功开发出三层瓦楞的纸板，纸箱开始替代木箱包装一些重量较大的物品。1973年石油危机爆发后，全球各行业都期望降低成本，作为一种能优化物流的重量物包装，"特耐王"纸板备受青睐。Tri-Wall公司于1974年在日本成立了一家纸箱厂，专门生产重型瓦楞纸箱。Tri-Wall公司的产品目前在亚洲的市场占有率达到70%，在重型纸板行业，"特耐王"是七层纸板的代名词。"特耐王"纸板由三层粗瓦楞构成，使用防水长纤维牛皮纸做面层和里纸，纸箱的抗压、耐破、耐湿性和密封性是普通单瓦楞纸箱的10倍，可完全替代木材、钢铁、塑料等材质的大容量包装。例如，在我国常州生产的七层纸板被用来包装福特汽车的零部件，其中包括发动机。

重型瓦楞纸箱的特点主要是抗压强度高、耐破性好。纸箱厂一般使用抗压测试机测量强度，Tri-Wall公司除了采用仪器手段测试外，还进行模拟测试。福特公司的技术人员把几吨重的汽车开到纸板上碾压，发现瓦楞没有任何损坏（图6-23）。在印刷方面，目前国内大型家电纸箱的印刷都很简单，只有1～2个颜色，三色极少。Tri-Wall公司采用了日本Unetani公司提供的、可印长度5.5m的5色柔版印刷机。其特点是不仅满足厚纸板的彩色印刷，而且非常环保，水墨用量只是常规设备的1/3。有了这种印刷机，不用再从外面买大幅胶印粘贴在纸板上，可在纸板上直接实现彩印。模切机采用台湾Latitude公司5.5m设备与大型柔印机配套加工使用。

重型瓦楞纸箱的主要原料是原纸和黏合剂。原纸又分为瓦楞纸、面纸、里纸和夹芯纸，面纸和里纸锁定采用IP牛卡纸，用100%针叶木浆造成。IP牛卡纸不含任何添加剂和有害物质，回收利用价值很高；瓦楞纸则采用包括部分回收纸的半化学纸浆原料。黏合剂采用淀粉胶，添加百分之几的耐水化学药剂，在纸板线上进行170℃高温加热时，黏合剂会迅速硬化。与其他纸制品一样，黏合剂也可以通过平时的旧纸渠道实现回收利用。削减捆包的费用与密闭木箱相比，平均可降低成本达15%以上，可省去密闭木箱内的防水纸及防水塑膜。

Uni-Pak周转箱由可折叠的Tri-Wall七层瓦楞纸围板及与之配套带锁扣装置的塑钢聚酯底托和塑钢聚酯上盖构成。它具备木制、铁制容器再利用性和作业性强的优点，又克服了价格高、非环保、不耐久的缺点，是理想的集合包装材料。

2. 多层瓦楞纸板箱的发展趋势

重型化和微型化，即大的越来越大、重的越来越重和小的越来越小、轻的越来越轻，是纸箱技术发展的走势，符合当今世界绿色包装的新潮流。重型纸箱可替代木材，微型纸箱则可节约木材。例如，日本在20世纪80年代已经瞄准了这一方向，而且纸箱用纸定量也开始下降。我国包装业一直存在两个误会：① 认为木板做成的木箱比纸板做成的纸箱牢固，所以出口商品包装和周转箱以木箱、铁箱为主；② 认为用纸克重越高，纸箱强度越好，实际上瓦楞纸箱的强度与原纸强度和生产工艺相关，同纸的克重没有必然联系。所以，美国Tri-Wall公司生产的重型纸箱代表了纸箱技术的一个发展趋向，其纸板线同时也可以生产E型瓦楞板，配合最新直接胶印技术可向客户提供高质量的微型纸盒产品。

与现行的木质、钢质集合箱比较，特耐王包装的综合成本要低得多。比如做木箱时，由于箱板钉合时要另外钉横木条，外体积变大。而特耐王Uni-Pak周转箱是面与面的接合，体积紧凑，质量小，节省运输费用。越来越多的国家要求进口货物的木质包装必须采取熏蒸、消毒、热处理或强制干燥等防疫措施，这样出口货物的木箱捆包多出一项防疫费用，而特耐王Uni-Pak周转箱不需要。

3. 多层瓦楞纸板箱的优点

多层瓦楞纸板箱（Tri-Wall Pak）的优点可归纳如下。

（1）削减打包资财费用，捆包便利（无须组片钉接），开捆方便（PET塑钢带捆包），如图6-24所示。

图6-24 多层瓦楞纸箱打包完成状态

（2）组装简单。

（3）操作者安全。

（4）缩短作业时间。

（5）质量小。

（6）节约运输费用。

（7）适合空运。

（8）堆积强度大，如图6-25所示。

（9）可做成密封包装，防潮性好。

（10）符合世界规格。

（11）防湿性好。

（12）采用REZY商标。

（13）无须熏蒸、热处理。

图6-25 多层瓦楞纸箱仓储存放状态

图6-26 多层瓦楞纸板大型包装箱

图6-27 多层瓦楞纸箱空箱返回

（14）表面可以印刷。

（15）可做成特大尺寸，如图6-26所示。

（16）可折叠后运输，如图6-27所示。

（17）可接小批订单。

（18）容易废弃处理。

思考与练习题

1. 绿色包装设计的概念和特点是什么？
2. 绿色包装材料是怎样分类的？
3. 绿色包装材料的选择原则是什么？试举例说明。
4. 绿色包装结构的设计原则是什么？
5. 收集一件绿色包装实物，并对其进行详细分析。

第7章 绿色设计的实施

7.1 绿色设计的实施步骤

绿色设计的过程是针对整个生命周期进行的,是对传统设计的发展与完善。下面介绍通过7个步骤实施的过程。

7.1.1 启动一个绿色设计项目

第一步便是启动一个绿色设计项目。这一步首先必须保证绿色设计项目获得高层领导的认可;接下来需要组成一个项目组;最后,制定实施和规划的指南,同时提出评估项目预算的建议。

1. 获得管理层的认可

绿色设计必须包含在企业的环境方针之中,所以必须得到企业管理层的认可和支持。在整个的绿色设计进程中,企业管理者应知道每个阶段的进展情况和存在的问题,企业管理者还须参与整个设计过程中分阶段的目标制定。

2. 成立一个项目组

绿色设计将对企业内的许多部门产生影响,因此需成立一个专门的项目组负责整个绿色设计项目。项目组成员包括企业管理者、项目组组长、设计者、环境专家、营销经理和采购主管等。项目组成员及主要任务如表7-1所示。

表7-1 项目组成员及主要任务

项目组成员	主　要　任　务
企业管理者	主要是战略管理,定义环境在企业中的位置,决定如何实施环境行动
项目组组长	主要是做出具体的设计决策,并协调和管理整个绿色设计过程
环境专家	帮助企业获得正确的数据和工具,从而确保在所有项目中都认真考虑环境问题
营销经理	当产品推向市场时,必须告诉客户产品的环境价值,利于客户认识其绿色价值并选购
采购主管	提供材料和零部件供应企业的相关绿色信息,也可就环境改进愿望进一步与供应企业进行交流

3. 做出计划和预算

针对一个绿色设计项目做一个计划和预算是必需的,以保证绿色设计进程的顺利实施,而预算则取决于产品的复杂程度。

7.1.2 选择产品

选择一个合适的产品作为设计目标。首先,必须确定产品的标准,主要是估计产品的市场潜力、潜在的环境改进方案和其技术的可行性。其次,明确该产品详细的设计任务。

1. 制定选择的标准

标准有时是凭直觉来制定的，但这种方法无法做出最好的选择。企业应制定出具体的产品选择的标准。

2. 做出选择

对以往产品的评估，是企业选择产品的重要基础。主要的评估内容及选择依据如表 7-2 所示。

表 7-2 对以往产品主要的评估内容及选择依据

评估内容		选 择 依 据
预测市场潜力和环境价值		市场潜力大且环境价值高的产品是企业优先考虑的产品
技术可行性评估	产品的复杂性	企业在刚开始进行绿色设计时，应避免选择过于复杂的产品；若产品很复杂，绿色设计项目可以集中在一个零部件或可单独安装的产品的一部分
	产品的生命周期	生命周期的长短是一个重要的指标。生命周期短的产品，经绿色设计，短期内就可被消费者广泛使用；而一些生命周期长的耐用产品，经绿色设计后，要在很长时间内才能替代原有的传统产品

3. 制定设计任务书

当产品选定后，项目组会制定一份详细的任务书。内容至少包括以下 10 项。

（1）对现有产品的总体分析。
（2）说明对选定产品进行绿色设计的原因。
（3）如何彻底改变现有产品概念的申明。
（4）环境和财务目标的简单陈述以及产品的描述。
（5）项目管理的方式。
（6）用于表述和测量结果的指标。
（7）最后确定的项目组成员（可能包括外部专家）以及对他们义务的描述。
（8）基于绿色设计的项目步骤的描述。
（9）项目的计划和时间进度。
（10）项目预算和后续工作所需的投入。

7.1.3 建立绿色设计战略

建立绿色设计战略的过程如图 7-1 所示。

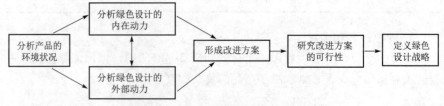

图 7-1 建立绿色设计战略的过程

1. 分析产品的环境状况

在绿色设计中只考虑产品本身是不够的，要考虑整个产品系统，并在此基础上对产品的环境状况进行分析。在此描述 MET 矩阵和绿色设计清单两种定性的工具。

（1）MET矩阵。

MET矩阵就是对产品生命周期中的材料循环（Material cycle）、能量使用（Energy use）以及有毒物质排放（Toxic emissions）进行分析和评价，并把分析结果用一个矩阵来表示，如表7-3所示。矩阵可以帮助项目组分析在生命周期的各个阶段产品的环境影响。

表7-3 MET矩阵的基本格式

生命周期阶段	M	E	T
材料和零部件的生产和供应			
产品生产			
分销			
使用（包括运营和服务）			
生命末端系统（包括恢复和处置）			

（2）绿色设计清单。

绿色设计清单列出了所有在生命周期中识别环境问题需要询问的相关问题，并提出与之相应的绿色设计战略，以解决产品绿色设计过程中出现的问题。绿色设计清单可作为MET矩阵的补充。

① 绿色设计清单：需求分析，如表7-4所示。

表7-4 需求分析

产品系统如何完成社会需要	绿色设计战略：新概念开发
● 产品的主要功能和辅助功能是什么 ● 产品是否有效地实现了这些功能 ● 产品目前满足了使用者的哪些需求 ● 产品功能是否能扩展或改进以更好地满足使用者需要 ● 这种需要随着时间的推移是否会改变 ● 能否通过产品革新来实现	● 非材料化 ● 分享产品的使用 ● 功能集成 ● 产品（零部件）的功能优化

② 生命周期阶段1：材料和零部件的生产和供应，如表7-5所示。

表7-5 材料和零部件的生产和供应

在材料和零部件的生产与供应过程中要考虑的问题	绿色设计战略1：选择环境影响低的材料
● 使用多少和何种塑料与橡胶 ● 使用多少和何种添加物 ● 使用多少和何种金属 ● 使用多少和何种其他材料（如玻璃、陶瓷等） ● 使用多少和何种表面处理 ● 零部件的环境因素是什么 ● 运输零部件和材料需要多少能源	● 清洁材料 ● 可更新材料 ● 低能材料 ● 循环使用过的材料 ● 可循环使用的材料 绿色设计战略2：减少材料的使用 ● 质量的减小 ● 运输体积的减小

③ 生命周期阶段2：内部生产，如表7-6所示。

表7-6 内部生产

在企业的生产过程中要考虑的环境问题	绿色设计战略3：生产技术的优化
• 使用多少和何种生产过程（包括连接、表面处理、印刷和标志等） • 需要多少和何种辅助材料 • 能量消耗多少 • 产生多少废物 • 多少产品不能满足需要的环境标准	• 替代的生产技术 • 减少生产步骤 • 低/清洁能源的消耗 • 生产较少的废物 • 低/清洁的生产消耗品

④ 生命周期阶段3：分销，如表7-7所示。

表7-7 分销

在产品分销到客户时产生的环境问题	绿色设计战略2：减少材料的使用
• 使用何种运输包装、货物包装和零售包装（体积、质量、材料和使用性） • 使用何种运输方法 • 交通是否有效组织	• 质量的减小 • 运输体积的减小 绿色设计战略4：分销系统的最优化 • 更少/清洁/可再利用包装 • 有效的运输模式 • 有效的物流

⑤ 生命周期阶段4：使用，如表7-8所示。

表7-8 使用

在使用、服务和修理产品时要考虑的问题	绿色设计战略5：减少使用阶段的环境影响
• 需要多少和何种直接或间接的能源 • 需要多少时间和何种消耗品 • 技术生命周期是多长 • 需要多少维修和修理 • 在运营、服务和修理时需要什么和多少辅助材料 • 产品是否能由一个外行安装 • 部件是否经常需要拆卸 • 产品的美学生命周期有多长	• 低能耗 • 清洁能源 • 需要很少的消耗品 • 清洁消耗品 • 没有能源和消耗品的废物 绿色设计战略6：初始生命周期的优化 • 可靠性和耐久性 • 容易维护和维修 • 模块结构 • 外观设计 • 与消费者紧密联系（维修）

⑥ 生命周期阶段5：处置，如表7-9所示。

2. 分析绿色设计的内外部动力

通过分析，可以明确企业绿色设计的内部动机和动力，它通常包括经理的责任意识、提高产品质量的需要、提高产品和企业形象的需要、降低成本的需要、提高员工动力的需要和创新动力的需要；还可以明确绿色设计的外部动力和动机，其中包括政府法律和法规、客户和消费者的需求、企业的态度和竞争行为等。

表 7-9　处置

产品更新和处置阶段可能产生的环境影响	绿色设计战略 7：生命末端系统的优化
● 产品目前是如何处置的 ● 零部件或者材料是否可再利用 ● 何种零部件可以再利用 ● 零部件能否拆卸而不被破坏 ● 什么材料是可再循环的 ● 材料是否可识别 ● 产品是否能很快被拆卸 ● 是否使用任何不相容的墨水和黏合剂 ● 一些危险零部件是否容易拆卸 ● 焚烧不可再利用产品零部件时是否有问题产生	● 产品/零部件的再利用 ● 再制造/翻修 ● 材料再循环 ● 安全焚烧

3. 形成改进方案

在分析产品的环境状况时，有时可自发地形成一些改进方案；也可以对已制定的绿色设计战略在企业内部和外部进行交流，将新产品的绿色设计方案加入其中；为了准确计算产品的环境影响，还需采用更为准确的生命周期分析工具。

4. 研究改进方案的可行性

依次从环境价值、技术可行性、组织可行性、经济可行性以及市场机会进行评估，同时还要考虑是否与绿色设计的内外部机制相一致。

5. 定义绿色设计战略

总结建立绿色设计战略能够带来的结果。在实践中建立绿色设计战略。

7.1.4　产生和选择产品改进的想法

1. 产品构思的产生

绿色设计可以促进设计过程的创新性，选择优秀的绿色创新技术，可以产生许多新的构思方案，解决产品绿色设计中的问题。

2. 组织绿色设计会议

通过组织提高绿色设计意识的工作会议、建立绿色设计战略的工作会议和创新技术在绿色设计中应用的工作会议，分析绿色设计产品，可以产生高创新性的设计。

3. 选择有发展的想法

可以查找需求列表上最重要的因素，选择与之对应的有价值的想法。要注意，此时各种不同的想法、构思的可行性有许多不确定性，所以需要考虑几套方案，或将几种构思集中在一个设计中。还要考虑对产品的不同期望，有时甚至是相互冲突的期望。

7.1.5　细化概念

为选定的概念编写说明，直到成为一个明确的设计，因此，新设计产品的材料、尺寸和生产技术都应该确定。

1. 实施绿色设计战略

此阶段需要项目组成员进入分析要素问题的细化阶段，根据需要将绿色设计战略转化为具体的设计解决方法。

2. 对概念进行评估

（1）评估环境价值。

通过比较新设计产品和以前产品的环境状况，估计新产品的环境价值。使用的工具可以是 MET 矩阵、生命周期分析、绿色指标和绿色设计战略等。

（2）评估技术可行性。

为了保证评估技术的可行性，项目组可以利用测试模型、原型、计算机模拟和计算软件。所有这些工具都可以洞察技术可行性并优化技术。产品改进方案的可行性经常是与时间相关的，但应该优先考虑技术上和组织上可以马上实现环境改进的方面。

（3）评估财务可行性。

因为绿色设计同时带来了成本和收益。成本包括更高的研究成本和开发成本，更高的生产过程、工具和循环系统的投资。除了提升企业的公众形象以外，其他收益还包括更大的市场份额、更健康的员工和客户、更低的材料采购成本、更低的能源成本、更少的废物和废液泄漏带来的成本、更低的获得许可的成本和避免未来的环境罚款。研究环境、改进产品的财务分析的有效工具是生命周期成本法。项目组必须确认方案的财务收益能够抵消成本。

3. 概念的选择

项目组成员必须在获得所有方案不同方面信息的基础上，在评价环境价值、评估技术可行性、评估财务可行性的基础上，选择出最有前途的概念。以此为依据，管理者也可做出最后的决策，并最终完成产品的原型设计。

7.1.6 产品推向市场

1. 企业内部的相应计划

在企业内部还需要做以下工作。

（1）使企业的战略方针正式为相关人员所了解。

（2）项目组介绍新设计，让所有员工对其有所了解。

（3）员工的相关培训。

（4）形成企业内部的绿色设计指南。

2. 开发促销计划

开发促销计划有两个要点：① 让消费者了解产品的环境优势，必须给消费者提供清晰、可理解和可信赖的信息；② 要保证产品环境声明的可信任性以及企业作为一个整体的可信任性和可靠性。

3. 生产准备

当产品上市计划、产品最后的准确描述与生产计划确定后，生产准备就完成了，第一批新产品就可以生产了。

7.1.7 绿色设计的评估

1. 评估产品结果

（1）通过评估确立新产品的环境和财务价值，它通常在产品上市一段时间后才能得到明确。

（2）评估新产品是否能更有效地实现体现环境价值的功能和其他功能。

（3）在考虑产品短期绿色设计战略的基础上，应该开始同时考虑短期战略和长期战略。

（4）客户能否察觉到产品再设计而带来的变化，这也是评估的一项内容。通常，产品的变化越多，结果就越明显。为保证产品被接受，需要企业与客户深入交流。

（5）对产品生命周期的各个阶段都应进行评估，并着重强调在以后的绿色设计中，企业将更关注哪一阶段。

2. 评估项目的结果

主要是针对开发绿色产品的组织和绿色设计程序的评估，内容包括以下几点。

（1）分步评估的方法是否适合自己的企业？

（2）改进小组的工作方法。

（3）环境问题方面的知识是否缺乏及如何解决？

3. 开发一个绿色设计程序

如果能够顺利地评估绿色设计项目的结果，就有充分的理由以长期和正式的绿色设计程序的形式准备后续的项目。

企业管理者需要考虑下列问题。

（1）是否仍然需要外部环境专业知识？

（2）环境信息的收集与整理，以备后用。

（3）关于信息交换与上下游企业达成什么样的协议？

（4）制订企业内部的培训计划。

（5）制订企业内部的绿色设计手册。

7.2 东芝集团绿色设计的实施

7.2.1 环境基本方针

东芝集团从"将'不可替代的地球环境'健康地传承给下一代是当今世人的基本义务"这一认识出发，以东芝集团环境展望为指引，努力创造丰富的价值，实现与地球的共生。通过开展旨在构建低碳社会、循环型社会、自然共生社会的环境活动，为实现可持续发展的社会做贡献。

1. 推进环境经营

（1）将环境活动作为经营的一个首要课题，推动经济与环境工作的协调发展。

（2）评价生产经营活动、产品和服务对包括生物多样性在内的环境造成的影响，确立有关降低环境负荷、防治污染等的环境目的和目标，推进环境经营活动。

（3）通过实施监察和回查活动，不断改善环境经营。遵守环境相关法规以及本公司认可的行业指南和自主标准等。

（4）进一步提高员工的环境意识，推动全员参加。推动作为全球化企业的东芝集团统一开展环境经营活动。

2. 提供环保型产品和服务

提供环保型产品和服务，以降低生产经营过程中的环境负荷。

（1）充分认识地球资源的有限性，积极制定环境政策，从产品、经营过程两个方面推动。

（2）提供有助于降低全寿命周期内环境负荷的环保型产品和服务。

（3）防止地球变暖，有效利用资源，在设计、生产、流通、销售、废弃等整个经营过程中努力降低环境负荷。

（4）通过开发，提供优异的环境技术和产品，并与地区及社会各界携手合作，搞好环境工作，为社会做贡献。

（5）为促进相互理解，积极开展信息公开和交流工作。

7.2.2 环保产品设计

1. 生命周期法

在开发符合环保要求的产品时，东芝集团在整个产品生命周期中减少本企业产品对环境的影响。东芝集团进行设计评估来考虑产品的生命周期——从产品采购直至废弃处理。

东芝集团承诺：审查贯穿整个产品的开发过程，只有合格的产品才能出厂。

（1）环保设计方案评估。

在生命周期的每个阶段设置主要检查点。

① 采购阶段（零件和材料的挑选）：消除/减少禁用和受限物质（绿色采购），减少难以分解的混合材料和零部件，最低程度地使用自然资源。

② 制造阶段：消除/减少禁用和受限物质（绿色制造），减少零部件的包装材料。

③ 销售阶段：减少包装材料。

④ 使用阶段：减少能源消耗（开发能源节约型产品），减小产品的体积和质量。

⑤ 生命结束阶段：采用更易于分解的设计，为循环利用和废品处置提供信息，包括产品中所使用的原材料的说明。

（2）评定产品（T因子）的"价值方面和环保方面"。

在2003财政年度，东芝集团引入了T因子，用于评估一件产品的价值和环保方面的独特经济效率指标。

经济效率通过一件产品的价值除以产品的环境影响来计算。

$$经济效率 = 产品价值/产品的环境影响$$

产品的环境影响越小，产品价值越高，其经济效率越大；产品的价值越高，经济效率越大。产品的价值基于其功能和性能来计算，并考虑客户的意见。产品的环境影响是通过整个生命周期（从原料采购、制造和销售直至使用和生命结束）对环境的影响来计算的。环境影响使用LIME（基于端点模型的生命周期影响评估）来计算。LIME是由日本产业技术研究所通过LCA计划所开发的。LCA计划由日本经济贸易工业部（METI）和新能源产业技术综合开发机构（NEDO）主持进行。

T因子通过产品按照评估所得的经济效率除以基准产品的经济效率计算得到。

$$T 因子 = 产品按照评估所得的经济效率/基准产品的经济效率$$

产品的经济效率越高，因子就变得越大。东芝集团通过计算T因子来参考具有环保意识产品（ECP）的创建。基准产品通常是指产品按照评估所得的最初模型获得。按照评估所获得的产品通常是新产品。因此，T因子的价值是指产品经济效率提升的幅度。简而言之，T因子越大，产品达到的平衡性越好。

2. 资源节约设计

东芝集团在保证产品性能的同时会不断降低产品中原材料的使用比例，致力于原料节约最大化和耐用性产品的开发。

轻型、小型化产品：便携性是笔记本式计算机开发的一个基本概念。笔记本式计算机被从一个地方带到另一个地方，产品制造得越轻越紧凑就越好。为了达到这个目的，机壳需要很薄，但是它也必须能够经受住外力，例如可能造成损害的掉落、振荡和压力。

延长产品寿命：硬盘驱动器中磁头和磁盘之间的缝隙仅为1 nm。出于这个原因，硬盘驱动器是PC中最脆弱的部件之一。如果对硬盘驱动器的损害减小了，那么计算机的使用寿命就会延长。

东芝笔记本式计算机承诺：尽管东芝集团在减小产品厚度、实现更高集成度安装时遇到了许多困难，但是为了实现纤巧型产品设计，东芝集团必须加强其承载力。

（1）实现厚度仅0.6 mm的机壳。

在通常情况下，金属机壳并不是便携型产品的好原料，即使将其加工得很薄，但它仍然相对较重。东芝集团使用质地很轻的镁合金，并将其引入到大规模生产中来制造笔记本式计算机的机壳。镁合金在0.6 mm的厚度时即具有令人满意的硬度。东芝集团采用的是诸如"薄膜浇口"之类的技术来实现的，即一种薄宽型开口来浇铸镁合金。

（2）减少印刷电路板上的剩余原料。

在制造印刷电路板的过程中，剩余原料是不可避免的。东芝集团正努力实现最小化。图7-2所示说明了通过印刷电路板的改进，东芝集团成功地减少了50%的剩余原料。

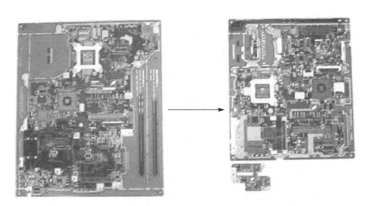

图7-2　印刷电路板的改进

（3）保护硬盘驱动器避免遭意外震动。

硬盘驱动器是一个高精确的机电装置，也是PC中最脆弱的零件之一。

东芝集团已经引入了一种三维加速传感器，用来监测笔记本式计算机的位置，如图7-3所示。可能导致硬盘驱动器损坏的笔记本式计算机的倾斜会被计算出来，而一旦这种倾斜达到一定限度——例如，笔记本式计算机从桌子上跌落——读/写磁头会从磁盘表面缩回，从而避免磁盘或磁头受到损害，如图7-4所示。

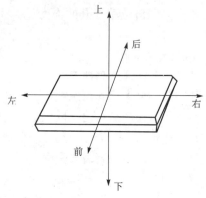

图 7-3　三维加速传感器

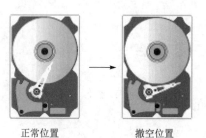

图 7-4　硬盘驱动器

3. 节能

1997 年，由英特尔（Intel）、微软（Microsoft）和东芝三家公司共同制定了"高级配置与电源接口"（Advanced Configuration and Power Interface，ACPI）来进行电脑的电源管理。2000 年 8 月推出 ACPI 2.0 规格，2004 年 9 月推出 ACPI 3.0 规格，2009 年 6 月推出 ACPI 4.0 规格，2011 年 12 月推出 ACPI 5.0 规格。

如果 ACPI 在 BIOS（Basic Input Output System）和其他系统硬件中被实现，它就可以由操作系统所调用（触发）。ACPI 可以实现的功能包括系统电源管理（System power management）、设备电源管理（Device power management）、处理器电源管理（Processor power management）、设备和处理器性能管理（Device and processor performance management）、配置/即插即用（Configuration/Plug and Play）、系统事件（System Event）、电池管理（Battery management）、温度管理（Thermal management）、嵌入式控制器（Embedded Controller）和 SMBus 控制器（SMBus Controller）。

（1）ACPI 主要支持三种节电方式。

① Suspend（挂起）：显示屏自动断电，只是主机通电，这时按任意键即可恢复原来状态。

② Save to Ram 或 Suspend to Ram（挂起到内存）：系统把当前信息储存在内存中，只有内存等几个关键部件通电，这时计算机处在高度节电状态。按任意键后，计算机从内存中读取信息就会很快恢复到原来状态。

③ Save to Disk 或 Suspend to Disk（挂起到硬盘）：计算机自动关机，关机前将当前数据存储在硬盘上，用户下次按开关键开机时计算机将无须启动系统，直接从硬盘读取数据，恢复原来状态。

（2）若想让 ACPI 实现上述功能，必须有计算机软件和硬件的支持。实现 ACPI 功能的计算机可以做到以下几点。

① 用户可以使外设在指定时间开关。

② 使用笔记本式计算机的用户可以指定计算机在低电压的情况下进入低功耗状态，以保证重要的应用程序运行。

③ 操作系统可以在应用程序对时间要求不高的情况下降低时钟频率。

④ 操作系统可以根据外设和主板的具体需求来分配能源。

⑤ 在无人使用计算机时可以使计算机进入休眠状态，但保证一些通信设备打开。

⑥ 即插即用设备在插入时能够由 ACPI 来控制。

4. 循环利用设计

东芝集团采用简单可行的原材料再循环的产品设计,包括在产品生命末期易于拆卸的设计。原材料再循环的目的如下。

(1) 防止资源的耗竭。

在过去,石油危机给东芝上了至关重要的一课:"地球的资源是有限的,如果东芝集团连续不断地消耗它们,那么在未来的某天它们将会耗尽。"绝大多数塑料制品均来自石油,促进这些塑料制品的循环利用非常重要,因为这将对防止石油资源的耗竭做出直接的贡献。东芝集团不断地进行循环利用方案的设计,从而使塑料部件能够得到再循环和再利用。

(2) 像原料一样再利用。

塑料制品的再循环利用可以通过"材料循环利用"来实现,如把塑料制品当作树脂再利用,可以通过产生化学原材料的"化学制品循环利用"来实现,也可以通过将塑料转化成燃料的"热量循环利用"来实现。塑料制品在当作树脂再次使用时有着最长的生命循环。这种使用方法也防止了能源的耗尽,并且与垃圾焚烧和掩埋方法相比对环境产生的影响更小。

东芝笔记本式计算机的承诺:东芝集团实现了将再循环材料用于笔记本式计算机的设计方案,采用了易于循环使用的材料,促进了材料的循环利用。

① 促进笔记本式计算机壳可循环材料的使用。

东芝集团促进了市场上各种产品中可循环材料的使用(不包括塑料材料的循环利用)。东芝集团在日常的生活中已经养成了使用再循环材料的习惯。对于东芝笔记本式计算机而言,再次利用的塑料被用作笔记本式计算机机壳的某些部分。

② 通过采用镁合金机壳来促进材料的再循环利用。

使用塑料制造超薄机壳是有限度的,持续不变的硬度意味着更厚的塑料。另一方面,镁合金具有如塑料般轻的质量,同时本身还具有内在的硬度。由于镁合金是一种金属,循环利用不存在任何问题。

东芝集团从 1996 年开始使用镁合金机壳,并成功制造出了厚度仅 0.6 mm 的 PC 机壳(图 7-5)。镁合金和塑料一样轻且具有金属的硬度,因此它能够用于超薄机壳并且易于进行再加工。镁合金也适合循环利用。然而,使用镁合金来制造笔记本式计算机需要高级的压铸技术及不同的配套生产工艺,且造价比塑料要昂贵许多。

图 7-5 镁合金的 PC 机壳

③ 原材料说明。

塑料是能够通过热和压力进行处理并做成不同形式模型的聚合体的统称。结实和轻的塑料广泛用于制造业,包括 PC 机壳。然而,将塑料作为废弃材料进行处理存在一些困难。例如,塑料的类型不能仅靠其外观来确定,因此处置时的分析是有难度的。不同的塑料需要不同的处理方法,当它们混在一起时很难进行循环利用。

东芝集团很早就预见到这些困难,其笔记本式计算机从 1994 年 6 月开始就标志了用于 PC 机壳的塑料原材料部件。

5. RoHS 兼容设计

RoHS 规定:自 2006 年 7 月 1 日起在欧盟的电子电气设备中限制使用 6 种有害物质:铅、汞、镉、六价铬、多溴联苯(PBB)和多溴二苯醚(PBDE)。东芝集团较早就开始进行 RoHS 兼容设计,在 2005 年 9 月,东芝集团设计并推出了第一款 RoHS 兼容笔记本式计算机。

通过开发符合环保的代替零部件以及引入环保新技术，东芝集团限制了有害物质的使用。东芝集团一直提供有助于提高客户安全与舒适度的产品。

（1）建立与 RoHS 兼容的技术库。

东芝集团开发具有环保意识的笔记本式电脑已经有很长时间了。1998 年，东芝集团实现了无卤素和锑的印刷电路板，这种电路板即使在燃烧状况下也不会产生二氧（杂）芑。2001 年，东芝集团采用了无铅焊接。由于无铅焊接的温度将达到 250 ℃，每一个零件都必须能承受这一温度。通过与零件供应商合作，2003 年东芝集团对所有在东芝集团厂内制造的印刷电路板实现了无铅焊接。随后，东芝集团一个接一个地将零部件换成 RoHS 兼容的零部件，并在 2005 年 1 月推出了东芝集团的第一台具有 RoHS 兼容印刷电路板和机壳的笔记本式计算机。东芝集团最后的问题是用 RoHS 兼容的代替品替换单元设备，如 DVD 光驱。

RoHS 兼容笔记本式计算机由东芝生态设计团队开发，也成功解决了遇到的许多问题。例如，东芝集团的团队在设计 RoHS 兼容笔记本式计算机时碰到了"胡须"问题。如果从连接印刷电路板的扁平电缆和连接器之间的镀锡触点中除去铅，将会发现 10~100 μm 的"胡须"形状的金属突起，这可能会引起短路。虽然问题的根源还没有发现，但东芝集团不断地进行试验并成功地在不产生"胡须"的情况下从扁平电缆和印刷电路板触点区域中移除了铅。东芝集团在这一接触点上成功地防止了"胡须"的产生。"胡须"的放大图像如图 7-6 所示。

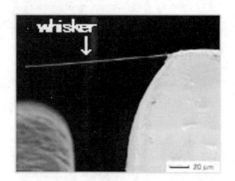

图 7-6 "胡须"的放大图像

（2）在开发过程中加入 RoHS 兼容性。

东芝集团在日常工作所使用的数据库中加入了 RoHS 信息。东芝集团建立了用于信息基础设施的数据库，这样，当一个新产品设计出来时，东芝集团能够立即看到产品中所用零件的环境信息。如果不符合要求的零件被选中用于这一设计，系统将阻止设计过程，使其不能进入下一个设计阶段。东芝集团建立的这一系统使东芝集团能够将 RoHS 兼容性集成到所有的处理过程中，从零件选择到制造和出货。产品开发流程和 RoHS 兼容性如表 7-10 所示。

表 7-10 产品开发流程和 RoHS 兼容性

开发流程		RoHS 兼容性
单元级	逻辑设计 机械设计	从零件供应商处获得"声明表"
		将环境信息录入零件数据库
		将"声明表"存入文件数据库
		引入集中物质的抽样检查
		将检查结果反馈给供应商
		从零件数据库中检查所使用零件的 RoHS 兼容性
		检查单元的绿色率（印刷电路板、机壳等）
		绿色率：RoHS 兼容零件与所有零件数量的百分比，这一比率必须是 100%
		在使用非兼容零件时 CAD 报警
		必要时检查非兼容零件
产品级	创建一个原料清单固定的制造条件	检查整个产品的绿色率
		包括检查在生产线上所使用的焊料等
		必要时检查非兼容零件
		检查绿色率，以确认产品达到标准

7.2.3 运营管理

东芝集团在计算机生产过程中采取各种有效措施减少对环境的不良影响。

1. 在生产中不使用有害物质

有害化学物质一旦泄漏将对环境以及任何与之接触的人产生严重影响。在生产过程中东芝集团不断探索，以减少不必要化学物质的使用。

在东芝笔记本式计算机制造中所使用的有害化学物质的数量远低于安全限制，可以忽略不计。然而考虑到铅焊所带来的环保风险，很早以前东芝集团就已经研制出了无铅焊接生产线。东芝集团也废止了耗臭氧物质（ODS）和用于洗涤的异丙基酒精（IPA）的使用。

2. 零排放生产

零排放意味着经过各种加工过程后废物处理（回收）的最终数量不多于1%，或者少于副产品或生产过程中产生的其他产品所排放的废物总量。如果能提高对原材料的循环利用，同时减少使用难以循环利用的原材料，东芝集团就能够实现零排放这一理想的状况。另外，在产品制造环节上，必须避免使用在将来的掩埋处置后对环境有害的物质的材料，从而在获得零排放的同时避免对环境和人造成危害。

东芝集团相信零排放的目标是一个主要的环保行为。零排放在 2000 年 Ome Complex（东京）得到了实现。但是，据 2012 年 10 月发布的《Toshiba 2012CSR 报告书》的统计：东芝集团海外生产基地的废弃物零排放工作和设备投资滞后，对大气、水域的化学物质排放量的削减量没有达到零排放的预期目标。

3. 防止全球变暖

生产过程期间的能源消耗产生了大量的 CO_2。东芝集团通过应用多种办法不遗余力地减少 CO_2 的排放量，其中包括改善经营管理、进行能源节约型投资、节约能源等。东芝集团也正尝试通过改进运输效率来减少与产品物流相关的 CO_2 排放。通过实施此类措施，东芝集团已在 2011 年实现了比 1990 年减少 49%的 CO_2 排放量。

7.3 宜家绿色设计的实施

7.3.1 宜家的环保方针与策略

1. 宜家的绿色设计目标

宜家（IKEA）的绿色设计目标是将生产产品给环境带来的负面影响降到最低，要以对社会负责任的方式生产产品。

从 1943 年创立至今，宜家不断努力创造低价格，以尽可能低价的方式生产产品、建立商场，向顾客提供自行组装的平板包装产品，同时宜家确保所销售的产品不含有害物质。宜家也不希望那些用于生产书柜、桌子或其他店内销售产品的木材原料来自被严重砍伐损坏的林带。遍布世界的所有宜家供应商，都必须遵守特定的基本规定：童工是非法的，工人的工作条件应当是可以接受的，供应商对环境保护怀有负责态度。

2. 供应商管理标准与实施

宜家自己所属的工厂不多，产品生产主要是通过分布在欧洲、亚洲和北美洲的 1 600 家供应商来进行的，这些供应商通常位于生产成本较低的国家。

宜家在2000年推出了管理标准文件《宜家家居用品采购标准》(IWAY)，并要求供应商达到该标准。该管理标准文件对工人的工作条件、最低工资、加班次数、工会代表权、废品管理、化学品管理及废气和废液排放量均做出了相关规定，同时，宜家不会无视童工、种族歧视等社会现象和使用来自原始天然森林的非法木材的问题。

宜家拥有经过专业培训的检查员，他们前往世界各地，对供应商进行监督检查以确保IWAY的实施，并向面临具体困难的供应商提供帮助；同时，宜家聘请独立审核机构，对生产方式和行动结果进行随机检查。

3. 有效地利用资源

多年来，宜家一直致力于在各种产品系列的设计中制造出环保型产品。宜家的策略是将环保因素渗透到宜家的所有工作环节中。对于产品和材料，宜家工作的努力方向是在产品的整个生命周期中减少自然资源的使用，即所谓"少用，多产"。

降低成本和注意节约资源、采用可重复利用和可更新的资源材料、培训员工并将环保工作同宜家的日常工作结合在一起，是宜家实现绿色设计目标的坚实基础。

一直尽可能地降低生产成本是宜家产品的价格具有竞争力的原因之一。降低成本就必须注意节约，这一原则已成为宜家环保工作的指导方针。多年来，这一方针指导宜家的原材料使用、能源消耗和其他资源的利用。

大部分宜家产品原材料（约70%）是木材或木纤维。木材是一种十分优良的环保型材料，天然、可回收利用、可再生。保持这些木材特性的前提条件则是：采伐木材的森林经有效监管，能够保持自然换代生长率。因此，基于长期发展的战略，宜家要求所有用于宜家产品生产制造的木质原材料均应取自经林业监管专业认证的林带，或经森林管理委员会等具有同等效力的标准认证的林带。

目前世界上部分地区的森林正在受到严重威胁。因此，宜家提出森林行动计划（Forest Action Plan，FAP），以系统地处理森林事宜。宜家就实木质产品做出具体规定：在未获得第三方独立机构认证为有效监管林带的情况下，供应商不得采用来自原始天然林或具高保存价值的林带的木材作为实木质产品的生产原料。

4. 员工的环保培训

宜家所属的所有部门都要对员工实施环保培训。宜家在进行环保培训时，一方面注重对新员工进行环保基础知识培训；另一方面则加强对主要人员进行深层次的环保知识培训。除这些基础性的环保培训外，宜家还有一些特别的环保培训计划。这些特别培训计划包括废物回收分类和与运输有关的环保问题等。另外一些特别培训计划包括产品的开发和生产等。

5. 再循环项目的开展

从1994年开始，宜家开始在瑞典和瑞士开展家具再循环项目。客户可以把旧的家具返回到宜家的一些商店，于是宜家的再循环工厂就尽量再利用和再循环一些部件和材料。

这些项目的三个主要目的是：开发一种有效的末端系统；培训设计和产品开发部门的生态设计能力；学习如何在新产品中利用再循环的材料。为了培训产品开发者，宜家鼓励他们拆卸所负责的产品，这就使得设计者能够更好地了解如何设计易于拆卸和再循环的产品。宜家的生命周期末端系统首先尽量多地再利用旧家具。为此，宜家与一个慈善机构合作，捐送宜家的旧家具。不能再利用的家具被拆卸并尽可能地再循环。当不能再循环时就在电厂用于能量更新的焚烧。最后，实在无法处理的送到垃圾填埋厂，但数量已经绝对最小化了。宜家使用的很少量的有害物质在一个特殊的废物加工公司加以处理。

6. 实现气候正效益

为实现气候正效益，宜家所减少的温室气体排放量将超过宜家价值链中产生的排放量。宜家致力于按照 1.5 ℃温控目标减少宜家价值链产生的气候足迹，包括到 2030 年前将减少一半的排放量，最迟到 2050 年实现零排放。为减少材料气候足迹，设定了以下战略目标，按优先级顺序排列：

（1）大幅减少温室气体排放。

宜家采用更多气候足迹较低的材料和食品原料，使用 100%可再生能源并不断提高能源效率并转型成为循环型企业。按照减少材料气候足迹的承诺，宜家的目标是到 2030 年实现使用 100%可再生或回收材料，在 2030 年之前实现宜家所有业务使用 100%可再生电力的目标，同时希望帮助宜家的供应商合作伙伴也能实现这一目标。

（2）通过林业、农业和产品清除和储存碳。

为减少一半的材料气候足迹，宜家下一步的措施是通过自然过程减少大气中的 CO_2。为此，宜家需要通过更好的林业和农业管理实践来储存 CO_2。推行循环经济也有助于延长碳在产品和材料中的储存时间。

（3）超越宜家体系

宜家将扩大所承担的责任范围，包括覆盖宜家的顾客、供应商和采购网络的材料气候足迹。还将助力顾客在家中制造可再生能源，并帮助供应商的整个工厂或运营向可再生能源转型，而不只是局限于与宜家产品制造相关的部分。

7.3.2 宜家绿色产品设计实例

1. 拉克边桌

拉克（Lack）边桌由木材合成物制造，这种合成物比实木轻了 50%（图 7-7）。拉克边桌便于组装，分量轻，且易于移动。它有仿山毛榉木、仿桦木、红色、绿色、蓝色、黑色、白色等多种颜色。拉克边桌所用的原料被用在宜家的 50 余种产品中，它还可被回收利用。因为减少使用材料一直是宜家的一个重要举措，宜家一直持续寻找新的材料和生产方法以减少原材料的使用。

图 7-7　拉克边桌

2. 布尔索边桌

布尔索（Boursault）边桌（图 7-8）的桌面由回收 PET 塑料制成，中空式的桌腿采用 PET 塑料，可放入东西，用作装饰。

图 7-8　布尔索边桌

3. 克利帕沙发

1979 年推出的克利帕（Klippan）沙发带有一个可拆洗和修补的棉布罩面，当旧的罩面坏了或者不再吸引人了，可以在宜家更换新的罩面，消费者甚至可以买一个罩面的纸样，然后按照说明书自己做一个新的。除了一些小的改进，这些年克利帕沙发的变化只有颜色。每年两次开发的新色，是唯一可预期的改变。图 7-9 为 2006 年的克利帕沙发。虽然克利帕沙发是宜家体积最大的产品之一，难以采用经济、环保的方式运输，但是几年前，宜家开始采

图 7-9　克利帕沙发

用改进的设计，沙发的扶手和靠背可插入座基的凹槽，这样运输时每个货柜能够装载原来数量两倍的沙发，运输成本和 CO_2 排放量急剧减少。

4. 艾尔弗系列产品

艾尔弗（Alve）系列产品使用的实心木是经过拣选的，不使用在未经开发的原始森林或保护林内所采伐的木材作为原料，以确保宜家在生产过程中所使用的木材全部来自那些经营妥善的林场。这些林场持有林业管理部门发放的许可证，而且其经营管理标准也为宜家承认。图 7-10 所示为艾尔弗工作桌。

图 7-10　艾尔弗工作桌

5. 法克图带隔板高柜

法克图（Faktu）柜门的主要材料是正背面贴膜的纤维板，高柜框架和隔板的主要材料是聚丙烯（PP）塑料和贴膜的刨花板，背板的主要材料是涂丙烯酸（$C_3H_4O_2$）漆的纤维板，合页的主要材料是钢塑料件和聚酰胺（PA）塑料。其中，橱柜门、高柜框架和隔板采用的都是可再生原材料，产品材料可回收利用。

该柜采用了可调式隔板，可根据自己的储物需要调节空间大小；门可被安装成从左或从右开启，采用搭扣式门合页，无须螺丝即可轻松安装，便于将门卸下进行清洁，也便于回收后产品的拆卸，如图 7-11 所示。

图 7-11　法克图带隔板高柜

6. 瓦洛浇水壶

瓦洛（Vallo）浇水壶为一种既适于室内又便于户外使用的塑料制品，它可堆叠存放。这样在每批包装里都可放置更多的货品，不仅减少了运输车辆的尾气排放量，同时降低了运输成本。这种产品所具有的资源经济有效利用、低价格和对环境影响小的特点（图 7-12），成为宜家经营理念的典范代表。

7. 藤条制品

在煤油中蒸煮藤条，使之更加柔韧，是编织篮子和家具所必不可少的一道传统工序。但使用这种藤条制作的箱子和篮子会发出难闻的煤油味。以前，所有的藤条生产厂家，包括宜家的供应商都采用这种方式生产。为了解决这一问题，宜家的设计人员与供应商提出了各种新的、更加环保的解决方案，最终选中棕榈油为最终解决方案，就是将藤条放入 3∶1 的水和棕榈油溶液中蒸煮。现在，生产宜家藤条制品的一家供应商已在世界上率先使用棕榈油蒸煮藤条。那里的工作环境因此得到改善，生产方式更环保，且家具的气味更加芳香。但是，棕榈油要来自经过有效管理的森林。最终，宜家在马来西亚找到了能够利用成熟种植林而不破坏天然原始森林生产棕榈油的供应商。

图 7-12　瓦洛浇水壶

8. 卡赛特文件盒

卡赛特（Kassett）文件盒 80% 的制造材料来自回收的废纸。改进设计后，它可以折叠变平（图 7-13），这意味着每个货盘可装载的数量是原来的 5 倍，因而运输中产生的 CO_2 排放量也降低了 75%。

9. 迪帕斯抽屉柜

迪帕斯（Teppas）抽屉柜采用 100% 的回收聚酯塑料制成。它可叠放，还可与迪帕斯推车搭配使用（图 7-14），便于移动，既适用于办公场所，也适合家用。

图 7-13　卡赛特文件盒

10. 纳桑提篮

香蕉成熟采摘后,将逐渐干枯的树干切成长条,放在阳光下晒干,然后经过编制,再涂上一层水性漆,便制造出耐用的纳桑(Nathan)提篮(图7-15)。该提篮可用作收纳物品、盛装水果,也可做废纸篓用。

11. 姆拉木质玩具

姆拉(Mula)木质玩具不仅可以激发儿童的创造力,而且安全耐用。其木质玩具采用没有硬节和裂缝的榉木和桦木等实木生产(图7-16),坚固耐用。所采用的涂料和清漆对儿童与成人都很安全。

图7-14 迪帕斯抽屉柜和推车

图7-15 纳桑提篮　　　　图7-16 姆拉木质玩具

7.4 汽车绿色设计的实施

汽车绿色设计涉及的因素很多,本节主要讨论寻找清洁的汽车能源或开发替代能源的技术和汽车的材料选择两方面的问题。

7.4.1 寻找清洁的汽车能源或开发替代能源的技术

开发汽车的节能技术和减少尾气排放的技术,是为了提高汽车的燃烧效率,减少汽车废气中污染物的排放。而目前要想减少空气污染对人体造成的危害,较完善地解决汽车的公害问题,寻找清洁的汽车能源或开发替代能源的技术,即用低能耗、低公害的环境协调型汽车或环保汽车代替现有的燃油汽车,是汽车绿色设计的关键。

1. 乙醇汽车

2005年,瑞典萨博公司首款采用生物燃料发动机制造的9-25汽车(图7-17)已经在瑞典销售,这款生物燃料发动机汽车让乙醇汽油的应用前景更加光明。

图7-17 萨博公司的9-25汽车

对于乙醇这种来自粮食的非传统燃料,似乎只有环保人士和经济学家在关注这种清洁而且完全可再生的燃料(这里谈论的是粮食乙醇)。在有关混合燃料的各种讨论中,乙醇很容易被人忽略掉。

玉米是制造乙醇的重要原料。根据美国乙醇燃料车辆联合会、美国国家能源部和美国公路交通安全管理部的统计资料,美国玉米总量的53%被用于乙醇生产,美国的玉米的用途统计如图7-18所示。

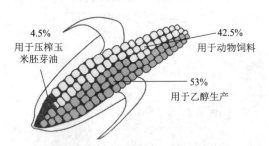

图7-18 美国的玉米的用途统计

由85%的乙醇和15%的汽油混合制成的燃料被称为E85。尽管在某些国家(例如瑞典)E85已经得到了广泛应用,但总的来看,E85在人们所消耗的燃料中所占的比例是微乎其微的。例如,美国全境一共只有313座供应E85的加油站,而且人们也并没有对这种清洁的燃料表现出过多的热情,这主要是因为在通常情况下E85的燃油经济性不佳。由于E85的能量密度只有汽油的75%,因此要维持与汽油相同的功率输出就需要多消耗大约20%的燃料。但是E85也有普通汽油所无法比拟的优势,那就是它有很高的辛烷值(大约为110)。萨博公司敏锐地意识到这意味着E85非常适合用于涡轮增压发动机。发动机排出的废气带动的涡轮可以将更多的空气送入汽缸,而更高的辛烷值意味着油/气混合物能承受更高的增压压力。因此萨博公司设计并制造出了Bio Power发动机,这是全球首台商业化的、使用乙醇燃料的涡轮增压发动机。计算机模拟的结果显示采用Bio Power发动机后,油/气混合物可承受的增压压力由40 kPa提高到了95 kPa。如果使用普通汽油,这种发动机能提供110 kW的动力,而如果换用E85乙醇汽油,它的最大输出功率会立刻飙升到137 kW,而且经济性一点也不差。表7-11为采用普通汽油和采用E85乙醇汽油的对比。

表7-11 采用普通汽油和采用E85乙醇汽油的对比

参　数	普通汽油	E85乙醇汽油
最大功率/kW	110	137
最大扭矩/(N·m)	240	280
最大增压压力/kPa	40	95
0~100 km/h加速时间/s	9.8	8.5
最高时速/(km·h^{-1})	216	225

然而,人们更加关心一辆双燃料汽车是否会花费更多,答案是不会。通过表 7-12 中列出的各种燃料在美国的平均价格可以得出结论。

表 7-12　各种燃料在美国的平均价格

燃料	价格/(美元·L^{-1})
生物柴油	0.60
柴油	0.59
汽油	0.56
乙醇	0.49
天然气	0.39

但是,中国和美国的燃料乙醇生产存在着较大的差距。美国燃料乙醇生产主要依靠玉米,通过转基因技术和扩大种植面积。美国玉米产量近年增长迅速,其燃料乙醇生产企业也在玉米带上建厂,玉米成本较低。中美两国在生产效率上也存在较大的差距。据全球著名咨询机构科尔尼公司 2007 年 7 月提供的《中国燃料乙醇产业现状与展望——产业研究白皮书》的统计,中国玉米成本高于美国近 80%,中国生产 1 t 乙醇需要消耗 12 t 水,而美国是 1.8 t 水;中国需要 3.3 t 玉米生产 1 t 乙醇,而美国是 2.8 t。而且中国乙醇生产的污染物的排放也比美国严重得多。

第 1 代燃料乙醇以淀粉类的玉米和小麦等、糖蜜类的甘蔗和甜菜等作为原料;第 1.5 代燃料乙醇以非粮薯类的木薯、纤维素及半纤维素结合部分淀粉的玉米纤维作为原料;第 2 代燃料乙醇以木质纤维类的玉米芯、甜高粱茎秆、玉米秸秆作为主要原料;第 3 代燃料乙醇以碳水化合物类的微藻为主要原料的技术。第 2 代和第 3 代燃料乙醇以"不与人争粮,不与粮争地"和原料来源广泛等优点而备受关注。近十年来,我国相继出台了一系列关于燃料乙醇产业发展的政策,为引导燃料乙醇的发展起到重要作用。

2. 电动汽车

电动汽车最早出现在英国,1834 年托马斯·达文波特(Thomas Davenport)在布兰顿演示了采用不可充电的玻璃封装蓄电池的蓄电池车。1873 年,英国人罗波特·戴维森(Robert Davidsson)制作了世界上最初的可供实用的电动汽车,它是一辆载货车,使用铁、锌、汞合金与硫酸进行反应的一次电池。1880 年,英国开始应用可以充放电的二次电池。从一次电池发展到二次电池,是当时电动汽车的一次重大技术变革,由此电动汽车需求量有了很大提高。到 20 世纪初,电动车发展到鼎盛时期。据统计,在 1900 年美国制造的汽车中,电动汽车为 15 755 辆,蒸汽机汽车 1 684 辆,而内燃机汽车只有 936 辆。但是,自 1908 年美国福特汽车公司 T 形车问世后,以流水线生产方式大规模批量制造的燃油汽车开始普及,而蒸汽机汽车与电动汽车由于存在着技术及经济性能上的不足,在市场竞争中被逐步淘汰。

由于全球温室效应与能源问题逐渐引起更广泛的关注,因此对低污染车辆的需求势必增加。随着各种高性能蓄电池和高效率电动机的不断出现,人们又把目光转向了零污染或超低污染排放的电动汽车。

电动汽车的优点可以归纳为以下几点。① 环境污染小：电动汽车本质上是一种零排放汽车，在使用过程中不会产生废气，间接有关的污染物主要来自发电和电池废弃物。② 噪声低：电动汽车比同类燃油汽车的噪声低 5~10 dB。③ 改善能源消耗结构：目前，我国用于交通运输的石油消耗约占石油总消耗的一半，而使用电动车辆对减少石油资源消耗具有举足轻重的影响。④ 高效率：电动汽车减速停车时，可以将车辆的动能通过磁电效应转化为电能，并贮存在蓄电池或其他储能器中，可以大大提高能源的使用效率。⑤ 结构简单、使用维修方便、经久耐用：与传统燃油汽车相比，电动汽车容易操纵、结构简单，运转传动部件相对较少，无须更换机油、油泵、消声器等装置，也无须添加冷却液，车辆维护工作量少。

当今，国内外众多高校、研究所及各大汽车厂商都对电动汽车展开了多方面的研究，取得了不少成果，也有不少电动汽车上市，如通用沃蓝达、日产聆风、三菱 i MiEV、比亚迪 E6 等。然而电动汽车却迟迟未能大规模进入市场，或面临诸如通用沃蓝达半价出售、日产聆风电池老化过快导致销量下滑之类的问题。究其原因，制约电动汽车使用的主要因素是整车续驶里程短、动力电池循环寿命及安全性低、价格高等问题。目前，国内外的研究重点是电池技术，电池的容量、体积、轻重、寿命长短、价格高低等直接关系到电动汽车的续驶里程、价格、安全可靠性等各方面因素，并直接影响电动汽车的发展。另外，充电站少且建设成本高，例如，深圳市每个充电站建设成本高达 1 000 万元。这些成本随着电动车市场的逐步成熟，可能将转嫁到购买了电动汽车的买主身上。

比亚迪 E6 汽车（图 7-19）的动力电池和启动电池均采用比亚迪自主研发生产的 Et-Power 铁电池，不会对环境造成任何危害，其含有的所有化学物质均可在自然界中被环境以无害的方式分解吸收，能够很好地解决二次回收等环保问题。比亚迪 E6 汽车最高车速可达每小时 160 km 以上，而 100 km 能耗约为 20 kW·h，只相当于燃油车 1/3~1/4 的消费价格。

图 7-19　比亚迪 E6

在电池领域，比亚迪股份有限公司具备 100% 自主研发、设计和生产能力，凭借 20 多年的不断创新，产品已经覆盖消费类 3C 电池、动力电池以及储能电池等领域，并形成了完整（原材料、研发、设计、制造、应用以及回收）的电池产业链，在电池技术、品质、智能制造、生产效率等方面成为业界标杆。2020 年 3 月，比亚迪股份有限公司正式推出采用高安全磷酸铁锂技术的"刀片电池"，一并解决了产品安全性和稀有金属卡脖子问题，为中国电池和新能源汽车可持续发展做出贡献。搭载"刀片电池"的电动车续航里程可达到 1 000 km 以上。比亚迪股份有限公司打造出 Dragon Face 的中国文化设计语言，并运用于汉、唐、秦、宋、元等造型惊艳、广受好评的车型；采用海洋美学的设计理念打造出以海洋生物及军舰命名的海洋系列；以全新家族语言 π-Motion（π：严谨精确的理性，Motion：运动流畅的感性）推出 D9、N8、N7 新品；从浩瀚宇宙中获取灵感，推出高端品牌仰望 U8 及 U9，展示了该公司对前瞻性设计语言和经典设计美感的融合探索。

3. 太阳能汽车

长期以来，人们一直在研究和利用太阳能。太阳能的优点：① 取之不尽，用之不竭；② 辐射能量稳定；③ 不会导致温室效应和全球性气候变化，也不会造成环境污染。因此,太阳能的利用受到许多国家的重视,他们都在竞相开发各种光电新技术和光电新型材料,以扩大太阳能的应用领域。1954年,美国贝尔实验室研制出世界上第一块太阳能电池,揭开了太阳能电力开发利用的序幕。20世纪70年代以前,由于太阳能电池效率低下、造价昂贵,太阳能电池一般只应用于空间技术。20世纪70年代以后,科研人员在世界范围内对太阳能电池的材料、结构和工艺等进行了深入研究,在提高效率和降低成本方面取得了较大进展,其应用规模逐渐扩大。但与常规发电相比,太阳能电池成本仍然偏高。

太阳能汽车是通过太阳能光伏电池,把采集的阳光转化成电能,储存于蓄电池并为行驶提供动力,从而实现了真正意义上的零排放。

1978年,世界上第一辆太阳能汽车在英国诞生,但它当时的时速仅为13 km/h。1984年,世界首届电动汽车与太阳能车比赛在瑞士举行,成为太阳能汽车赛事的始创者。始于1987年、每两年举办一次的澳大利亚太阳能汽车挑战赛是目前世界上规模最大、距离最长的太阳能汽车大赛。随后,美国、日本等国家也相继有了多个太阳能汽车赛事,并在世界范围内产生了一定的影响。众多汽车公司、科研院所及相关大学是参赛队伍的主要组成部分。赛事一般使用公路作为比赛线路。比赛用的太阳能电池几乎全是晶体硅,并以单晶硅太阳能电池为主。这些太阳能汽车赛事为太阳能汽车的发展提供了良好契机,同时也为各种新技术的开发和应用提供了一个良好的载体。

2012年,Qatar太阳能技术公司开发的全球首款量产版太阳能电动敞篷跑车问世,该车名为特斯拉跑车(Tesla Roadster)。特斯拉跑车(图7-20)的动力来自太阳能电池,每次充电可以行驶300 km,0~100 km加速时间仅需3.6 s,在行驶过程中CO_2排放量为0。特斯拉跑车的太阳能电池技术来源于Solar World研发的Sun Carport技术,跟传统的电动车相比,Sun Carport能够为电动车提供媲美超级跑车的性能而尾气排放量为0。

图7-20 特斯拉跑车

我国也积极进行了太阳能汽车的研制。1984年9月,首次研制的"太阳号"太阳能汽车试验成功。1996年,清华大学参照日本能登太阳能车拉力赛的竞赛规范,研制了"追日号"太阳能汽车,其最高车速达80 km/h,重800 kg左右,造价为7.8万美元。2001年,全国高校首辆可载人的太阳能电动车"思源号"在上海交通大学诞生。2009年11月,英利集团光伏应用技术研究院研发成功我国第一块汽车车顶用光伏电池板,这也是世界上第一块可用于汽车车顶的商品化太阳能电池。

2010年,比亚迪F3DM低碳版混合动力车(图7-21)上市,它是搭载双模动力系统的混合动力车,也是全球首款不依赖专业充电站的双模电动车。该车可在纯电动(EV)和混合动力(HEV)这两种模式之间自由切换,纯电动模式下实现了零排放,混合动力的排放标准也远远优于欧Ⅳ标准。F3DM低碳版混合动力车的最大亮点是加装了全球首创的车载太阳能电池充电系统,这是一块类似于全景天窗的太阳能电池板,通过吸收的太阳能输出电流,并储存在电池中以供行驶使用,其能量获取和转化的全程都十分环保、高效。

图7-21 比亚迪F3DM低碳版混合动力车

到目前为止,太阳能在汽车上的应用技术依然是两个方面:① 作为驱动力;② 用作汽车辅助设备的能源。完全用太阳能为驱动力的太阳能汽车与传统燃油汽车相比，已经没有发动机、底盘、驱动、变速箱等构件，不论在外观还是运行原理上都有很大的不同。太阳能和其他能量混合驱动的复合能源汽车，只是在车表面加装了部分太阳能吸收装置，其外观与传统汽车相似。

4. 压缩空气动力汽车

压缩空气动力汽车（Air-powered vehicle，APV）也称空气动力汽车，简称气动汽车，它是利用高压压缩空气为动力源，将压缩空气存储的压力能转化为其他形式的机械能，从而驱动汽车运行。从理论上来说，液态空气和液氮等吸热膨胀做功为动力的其他气体动力汽车，也应属于气动汽车的范畴。

压缩空气动力汽车利用压缩空气作为推动汽车的动力，与传统的燃烧汽油动力车不同，它依靠压缩空气膨胀做功输出动力，利用水力、风力和太阳能发出的可再生清洁电力供给空气压缩机。其排放出的也是空气，力争做到无污染、零排放。空气的可循环再利用决定了空气动力汽车的经济特点，它十分廉价。发动机技术的突破，使得车身结构变得简单，减少了车身的制造成本。空气动力汽车特有的储气罐，在加气站几分钟就可加满压缩空气。因为气动发动机可以无级变速又可以带负荷起动，所以不必安装变速箱、散热器、传动轴等，车的重量减轻60%～70%。又因气动发动机可以正转和反转，所以不需要倒挡。

压缩空气动力汽车的主要发展历程简述如下。

法国设计师 Guy Negre 受 F1 方程式赛车发动机设计的启发，于 1991 年获得了压缩空气动力汽车发动机的专利，并创建 MDI（Motor Development International）公司，于 1998 年推出了第一台压缩空气动力汽车样车，于 2002 年在巴黎国际汽车展上公开展出名为"城市之猫"的空气动力概念汽车。2009 年，MDI 公司在瑞士日内瓦国际车展上展示了空气动力汽车 Airpod（图 7-22）。Airpod 用压缩空气驱动，完全是零排放、零污染的洁净汽车。Airpod 只能在城市行驶，是外形酷似甲壳虫的三轮汽车，其前后各有一个向上开启的玻璃门，2 排座位背靠背，前排有 1 个座位，后排有 2 个座位。Airpod 全重仅 220 kg，动力来自一个 175 L、35 MPa 的压缩空气罐，其补充动力的方式是在专用气站充气，每次仅需 2 分钟，费用大概为 1 欧元。Airpod 最高时速会达到 70 km/h，而在充满压缩空气的情况下，可以行驶 220 km。Airpod 的售价在 4 500 美元左右。2010 年起，Airpod 已经在荷兰阿姆斯特丹机场和法国的尼斯机场开始试用。Airpod 最突出的问题就是噪声，因为其压缩空气发动机在工作时会发出类似拖拉机的声音。另外，压缩空气的安全问题以及充气站的建设也是空气动力汽车将会遇到的问题。印度 Ta Ta 公司于 2007 年年初与 MDI 公司签署了一项技术授权协议，开始研制并生产空气动力汽车。

其他国家的研究人员从 20 世纪 90 年代也开始了空气动力汽车的相关研究。1997 年，在美国能源部的资助下，华盛顿大学研制了一台以液氮为动力的气动原型汽车，其基本工作原理与压缩空气动力汽车相同，只是动力来源于液氮在受热蒸发后气体膨胀做功。其主要优点在于液氮无须使用高压储存和高压罐，安全性较好。但液氮的制取和存储需很低的温度，制氮成本和贮氮费用都较高。2000 年，澳大利亚 Engineair 公司成立，专门生产空气动力发动机。这种发动机的体积是传统发动机的 1/7，重量只有 13 kg，其特点是非常安静。

图 7-22 空气动力汽车 Airpod

2001年,浙江大学的气动汽车课题组在气动摩托车动力平台上分别进行了凸轮配气、阀配气的单缸和双缸压缩空气动力发动机的试验研究,并取得了一定的成果。该课题组还同时进行了液氮气体动力汽车的有关项目研究。

但是,就现在的技术水平,依靠压缩空气储存能量的效率还不能与燃油或者电池相提并论。要提高单位体积压缩空气所储存的能量就必然提高气压,这就提高了储存的难度和成本,安全系数也随之降低。储气罐的体积还受到诸多因素的限制,压缩空气的释放能否控制得当也有待验证。为了让空气动力车在有限的动力下提高行驶里程,车身的轻量化成为必然选择。然而在碰撞过程中,重量大的车身受到的损害一般来说比重量小的车身受到的损害要小。安全性能方面,轻量化的储气罐和车身在碰撞下的表现依然有待验证,压缩空气动力车安全保障问题还有待解决。也有工程学专家对这项技术表示怀疑,说空气压缩本身就是高能耗,从能源利用的角度来说,空气动力汽车并没有什么意义。

7.4.2 绿色汽车的材料选择

改进制造车身和内部构件所用的材料,使汽车不仅能满足强度和使用寿命的要求,而且能满足性能、外观、安全、价格、环保、节能等方面的需要。

20世纪80年代,在轿车的整车质量中,钢铁占80%,铝占3%,树脂为4%。自1978年世界爆发石油危机以来,作为轻量化材料的高强度钢板、表面处理钢板用量逐年上升,有色金属材料用量总体有所增加,其中,铝的增加明显,非金属材料也在逐步增长。近年来开发的高性能工程塑料、复合材料,不仅替代了普通塑料,而且品种繁多,在汽车上的应用范围更加广泛。

1. 汽车用新材料

(1)高强度钢板。

现在的高强度钢板是在低碳钢内加入适当的微量元素经各种处理轧制而成的,其抗拉强度高达 $420 \ N/mm^2$,是普通低碳钢板的2~3倍,深拉延性能极好,可轧制成很薄的钢板,是车身轻量化的重要材料。例如,中国奇瑞汽车公司与宝钢合作,2001年在试制样车上使用的高强度钢用量为 262 kg,占车身钢板用量的46%,对减重和改进车身性能起到了良好的作用。

低合金高强度钢板的品种主要有含磷冷轧钢板、烘烤硬化冷轧钢板、冷轧双相钢板和高强度1F冷轧钢板等,车身设计师可根据板制零件的受力情况和形状复杂程度来选择钢板品种。低合金高强度钢板的特性及应用比较如表7-13所示。

表7-13 低合金高强度钢板的特性及应用比较

名 称	特 性	应 用
含磷高强度冷轧钢板	具有较高强度,比普通冷轧钢板高15%~25%;具有良好的强度和塑性平衡,即随着强度的增加,伸长率和应变硬化指数下降甚微;具有良好的耐腐蚀性,比普通冷轧钢板高20%;具有良好的点焊性能	主要用于轿车外板、车门、顶盖和行李厢盖升板,也可用于载货汽车驾驶室的冲压件

续表

名 称	特 性	应 用
烘烤硬化冷轧钢板	这种简称 BH 钢板的烘烤硬化冷轧钢板既薄又有足够的强度,经过冲压、拉延变形及烤漆高温时效处理,屈服强度得以提高	这种钢板是车身外板轻量化设计的首选材料之一
冷轧双向钢板	这种钢板具有连续屈服、屈强比低和加工硬化高、兼备高强度及高塑性的特点,如经烤漆后其强度可进一步提高。适用于形状复杂且强度要求高的车身零件	主要用于要求拉伸性能好的承力零部件,如车门加强板、保险杠等
超低碳高强度冷轧钢板	这种钢板实现了深冲性与高强度的结合,在超低碳钢($C \leqslant 0.005\%$)中加入适量的钛或铌,以保证钢板的深冲性能,再添加适量的磷以提高钢板的强度	特别适用于一些形状复杂而强度要求高的冲压零件

（2）轻量化叠层钢板。

轻量化叠层钢板是在两层超薄钢板之间压入塑料的复合材料,表层钢板厚度为 0.2～0.3 mm,塑料层的厚度占总厚度的 25%～65%。与具有同样刚度的单层钢板相比,质量只有 57%。隔热防振性能良好,主要用于发动机罩、行李箱盖、车身底板等部件。

（3）铝合金。

与钢板相比,铝合金具有密度小（2.7 g/cm^3）、高强度、耐锈蚀、热稳定性好、易成型、可回收再生等优点,技术成熟。例如,德国大众公司的新型奥迪 A2 型轿车,由于采用了全铝车身骨架和外板结构,使其总质量减少了 135 kg,比传统钢材料车身减轻了 43%,使平均油耗降至每百公里 3 L 的水平。由于所有的铝合金都可以回收再生利用,深受环保人士的欢迎。

（4）镁合金。

镁的储藏量十分丰富,可从石棉、白云石、滑石中提取,而且海水的盐分中含 3.7% 的镁。近年来,镁合金在世界范围内的增长率高达 20%。镁的密度为 1.8 g/cm^3,仅为钢材密度的 35%、铝材密度的 66%。此外,镁的比强度、比刚度高,阻尼性、导热性好,电磁屏蔽能力强,尺寸稳定性好,因此在航空工业和汽车工业中得到了广泛的应用。

镁材料的一个突出优点是适合于压铸工艺,可在压铸时把其他复杂的细小部件铸入镁制板内,这样就减少了制造的复杂性、零件数目和质量。

随着压铸技术的进步,除铸造车门外,还可以制造出形状复杂的薄壁镁合金车身零件,如前、后挡板和仪表盘、方向盘等。

（5）泡沫合金板。

泡沫合金板由粉末合金制成,其特点是密度小,仅为 0.4～0.7 g/cm^3,弹性好,当受力压缩变形后,可凭自身的弹性恢复原料形状。由于泡沫合金板具有低密度及良好的隔热吸振性能,深受汽车制造商的青睐。泡沫合金板种类繁多,有泡沫铝合金板、泡沫锌合金、泡沫锡合金、泡沫钢等,可根据不同的需要进行选择。目前,用泡沫铝合金制成的部件有发动机罩、行李厢盖等。

(6) 蜂窝夹芯复合板。

由于蜂窝夹芯复合板具有轻质、比强度和比刚度高、抗震、隔热、隔音和阻燃等特点,故在汽车车身上获得较多应用,如车身外板、车门、车架、保险杠、座椅框架等。蜂窝夹芯复合板是两层薄面板中间夹一层厚而极轻的蜂窝组成的。根据夹芯材料的不同,可分为纸蜂窝、玻璃布蜂窝、玻璃纤维增强树脂蜂窝、铝蜂窝等,面板可以采用玻璃钢、塑料、铝板和钢板等材料。

(7) 工程塑料。

随着高分子合成技术的发展,工程塑料的性能不断提高,其在汽车上的用量也不断提高。与通用塑料相比,工程塑料具有优良的机械性能、电性能、耐化学性、耐热性、耐磨性、尺寸稳定性等特点,且比金属材料轻、成型时能耗少。工程塑料既可用于不承受荷载的零件,如仪表外壳、把手、发动机罩等,也可用于承受很大荷载的重要零件,如碳纤维材料(CFRP)制成的叶片弹簧和转动轴等。

2. 汽车材料应用的发展趋势

(1) 减少材料的品种。

目前汽车使用的塑料由几十种高分子材料组成,所以世界各大汽车公司致力于减少车用塑料的种类,并尽量使其通用化,这将有利于塑料的回收再生和生态环境的保护。

(2) 降低成本。

制约汽车车身新材料应用的重要因素是价格。作为主要新材料的高强度钢、玻璃纤维增强材料、铝和石墨增强材料,其成本分别为普通碳钢的 1.1 倍、3 倍、4 倍和 20 倍。所以只有大幅度降低这些新材料的制造成本,才可能使诸多新材料进入批量生产。如玻璃纤维增强材料将在成本上成为钢材的有力竞争者,虽然其分量减轻有限,但价格却能为用户所接受。

(3) 先进的制造工艺的研发。

采用新材料与先进的制造工艺是相辅相成的,汽车工业正在努力开发新的制造方法,对传统的工艺进行革新。例如,法国雷诺公司采用新的 A 级表面精度的 SMC 模压技术和低密度填料,减小了零件厚度,使轿车壳体的重量比普通 SMC 工艺下降了 30%。

(4) 车身设计方法的革命。

除了大量采用复合材料和轻质合金外,车身设计方法也将发生重大变化。新的设计方法既能减小零件质量,又能延长了零件的使用寿命。另外,采用新的设计方法还能使车身零件数大幅度减少。

(5) 新材料回收再生性的研究。

研究汽车新材料的回收处置问题至关重要,目前世界各国都花费了大量的人力、物力进行材料的回收再生问题的研究。现在可以通过 3 种途径进行回收:颗粒回收,重新碾磨;化学回收,高温分解;能源回收,将废弃物作为燃料。

7.5 绿色节能产品设计实例

1. 索尼 ICF–B01 收音机

索尼 ICF–B01 收音机（图 7–23）原是为地震等紧急情况设计的，但带着它游山玩水也不错。即使在没有电力供应的地方它也能帮助用户获得新闻和娱乐资讯。摇动收音机上的曲柄就可以对机身内的 4 节 5 号电池进行充电，转动曲柄 120 次所产生的电量可收听 FM 节目 40 min、AM 节目 60 min，或者用机身上的 LEO 手电筒照明 15 min。

图 7–23　索尼 ICF-B01 收音机

2. Pedalite 自行车脚踏

这种带照明功能的自行车脚踏（图 7–24）内部安装有一个小巧的齿轮发电机，能够将蹬车的动能转化成电能，供内部的 3 个 LED 灯使用。即使停止蹬车后它依然能够持续照明达 12 h 之久。

图 7–24　Pedalite 自行车脚踏

3. eiko 人体体温能石英表

eiko 人体体温能石英表（图 7–25）是利用人体体温转化成的电能来驱动手表。

4. ZanussiIZ 节能洗衣机

ZanussiIZ 节能洗衣机（图 7–26）不仅低能耗、低用水量，而且内置一个洗衣剂回收系统，确保环保性和经济性。

图 7–25　eiko 人体体温能石英表

5. 无水无臭便池

这款无水无臭便池（图 7–27）每年只需 250 mL 特殊密封性液体就可节约大量的水，其实便液中 96% 就是水。

6. Solio CLASSIC2 型充电器

Solio CLASSIC2 型充电器（图 7–28）集高效太阳能板和高容量电池于一身，它支持多种 USB 端口，允许上千种可通过 USB 供电的电子产品连接并充电，包括手机、电子阅读器、平板电脑，甚至是自行车灯、净水器、GPS 手表等。一天的太阳能照射能让该充电器拥有足够的能量给大多数智能手机完整充电三次。

图 7–26　ZanussiIZ 节能洗衣机

图 7–27　无水无臭便池　　　　图 7–28　Solio CLASSIC2 型充电器

7. 戴森干手机

戴森干手机采用戴森数字电机（DDM），可以瞬间制造高速气流进行有效干手，实现 10 s 快速干手。戴森干手机不依靠电热干手，不加热空气，因此不需要耗能的加热元件，与电热干手机相比，可节省高达 80% 的能源。使用时，无须接触，当使用者双手放入，干手机立即感应并自动开启，当使用者双手移开，干手机立即感应并自动关闭，避免了能源浪费。戴森干手机（图7-29）比其他型号的干手机减少72%的CO_2排放量和68%的纸巾使用量。

图7-29 戴森干手机

8. 节能冰箱

2023年上市的海尔BCD-571WGHFD2BW4U1冰箱（图7-30）采用可再生的原材料进行生产，可再生利用率达85%；采用低GWP的环保CP+LBA发泡剂，低碳足迹，产品容积利用率＞55%，远高于绿色家电评价指标。从冰箱本身性能的角度来看，该产品采用变频压缩机+变频风机双变频设计，轻松实现能效1级，产品噪声≤36 dB（A），符合国标绿色产品要求。该冰箱荣获中国家用电器协会主办的《电器》杂志社颁发的"可持续发展优创奖"。

图7-30 海尔BCD-571WGHFD2BW4U1冰箱

思考与练习题

1. 绿色设计的实施过程分哪几个步骤进行？
2. 试举例说明几个绿色设计战略。
3. 在市场上选择一种产品，要求产品具有一定的美感，是大批量生产的产品，且复杂度适中，要有相应的机械结构，材料的种类尽量齐全，然后对其结构进行拆卸，分析材料的环境影响，并运用绿色设计的思想对该产品提出改进建议。

参 考 文 献

[1] 骆世明. 环境生态与可持续发展导论[M]. 北京：中国农业出版社，2004.

[2] 范恩源，马东元. 可持续教育与可持续发展[M]. 北京：北京理工大学出版社，2004.

[3] 中国科学院可持续发展战略研究组. 中国可持续发展战略报告——建设资源节约型和环境友好型社会[M]. 北京：科学技术出版社，2006.

[4] 李训贵. 环境与可持续发展[M]. 北京：高等教育出版社，2004.

[5] Rachel Carson. Silent spring [M]. Boston: Houghton Mifflin Company, 2002.

[6] 杨永华. 突破绿色壁垒——ISO 14000 标准实务[M]. 深圳：海天出版社，2000.

[7] Wenzel, et al. Environmental Assessment of Product [M]. Vol 1. London: Chapman & Hall, 1997.

[8] Russell E Dicarlo. Towards a New World View [M]. Pennsylvania: Epic Publishing, 1996.

[9] World Commission on Environment and Development. Our Common Future [M]. London: Oxford University Press, 1987.

[10] 朱世范，许彧青. 绿色设计理论与方法[M]. 哈尔滨：哈尔滨工程大学出版社，2005.

[11] 机械设计手册编委会. 机械设计手册（新版）[M]. 北京：机械工业出版社，2004.

[12] Alastair Fuad-Luke. The eco-design handbook [M]. London: Thames & Hudson, 2009.

[13] 刘志峰，刘光复. 绿色设计[M]. 北京：机械工业出版社，1999.

[14] Paul Hawken. The Ecology of Commerce Revised Edition: A Declaration of Sustainability [M]. London: Harper Collins Publishers, 2010.

[15] 杨建新，徐成，王如松. 产品生命周期评价方法及应用[M]. 北京：气象出版社，2002.

[16] Hauschild M, Wenzel H. Environmental Assessment of Product [M]. Voluve 2. London: Chapman & Hall, 1998.

[17] 翁瑞编. 环境材料学[M]. 北京：清华大学出版社，2001.

[18] 左铁镛，聂祚仁. 环境材料基础[M]. 北京：科学技术出版社，2005.

[19] Andrews E S. Guidelines for social life cycle assessment of products [M]. Nairobi: United Nations Environmental Programme, 2009.

[20] 和晓楠. 降解塑料的发展现状分析[J]. 高科技与产业化，2020(2):56–62.

[21] 温宗国，胡宇鹏，李会芳. 可降解塑料的环境影响评价于政策支撑研究报告[R]. 清华大学，2022.

[22] 戴备军. 循环经济实用案例[M]. 北京：中国环境科学出版社，2006.

[23]《设计》编辑. 遮蔽之所[J]. 设计，2006（5）：28-30.

［24］赵江洪，张军，龚克. 第二条设计真知——当代工业产品设计可持续发展的问题［M］. 石家庄：河北美术出版社，2003.

［25］博浩，蔡建国. 面向拆卸与回收的设计指南［J］. 机械科学与技术，2004，20（4）：105-118.

［26］George E. Dieter, Linda C. Schmidt. Engineering design［M］. New York: McGraw-Hill, 2009.

［27］赵新军，张秀芬. 现代机械设计手册：创新设计与绿色设计（第2版）［M］. 北京：化学工业出版社，2020.

［28］朱世范，商振，王姝懿，等. 产品可持续设计［M］. 北京：高等教育出版社，2020.

［29］Attfield Robin. Environmental ethics: a very short introduction［M］. London: Oxford University Press, 2018.

［30］张佳. 意大利再循环橡胶材料［J］. 产品设计，2006（9）：26-38.

［31］韩学政，金保友. DFD设计理论及其设计方法［J］. 农业装备技术，2005，31（4）：25-37.

［32］甘茂治. 维修性设计与验证［M］. 北京：国防工业出版社，1995.

［33］刘志峰，刘光复. 工业产品可拆卸性设计系统模型研究［J］. 中国机械工程，1998，9（1）：76-93.

［34］［美］梅尔·拜厄斯. 50款产品［M］. 劳红娟，译. 北京：中国轻工业出版社，2000.

［35］徐秋鹏，陈立未，张福昌. 现代家具的装配与拆卸设计［J］. 家具，2003（5）：15-23.

［36］骆光林. 绿色包装材料［M］. 北京：化学工业出版社，2005.

［37］Edward Denison. Packaging Prototypes 3—Thinking Green［M］. Hove: Rotovision Publishing House, 2001.

［38］李敏. 绿色制造体系创建及评价指南［M］. 北京：电子工业出版社，2018.

［39］顾新建，顾复. 产品生命周期设计：中国制造绿色发展的必由之路［M］. 北京：机械工业出版社，2017.

［40］朱庆华，耿勇. 工业生态设计［M］. 北京：化学工业出版社，2004.

［41］朱盛镭. 太阳能汽车发展［J］. 汽车与配件，2012（24）：50.

［42］陈鹰，许宏，陶国良，等. 压缩空气动力汽车的研究与发展［J］. 机械工程学报，2002（11）:7-11.

［43］Victor Papanek. Design for the Real World［M］. London: Thames & Hudson, 1992.

附 录

首字母缩略词及中英文全称

缩略词	英文全称	中文全称
3R1D	Reduce, Reuse, Recycle, Degradable	减量化、再利用、再循环、可降解
	Agenda 21	21世纪议程
AHP	The Analytic Hierarchy Process	层次分析法
	Action Plan for Human Environment	人类环境行动计划
APV	Air-powered Vehicle	压缩空气动力汽车,也称空气动力汽车、气动汽车
ASME	American Society of Mechanical Engineers	美国机械工程师协会
BOD	Biochemical Oxygen Demand	生化需氧量
CFCs	Chloro Fluoro Carbon	氯氟烃类物质
CH_4	Methane	甲烷
CM	Chain Management	链管理
CO	Carbon Monoxide	一氧化碳
CO_2	Carbon Dioxide	二氧化碳
CP	Cleaner Production	清洁生产
CRS	Car Recycling System	汽车再循环系统
CSA	Canadian Standards Association	加拿大标准协会
CSD	Commission on Sustainable Development	可持续发展委员会
DFD	Design for Disassembly	面向拆卸的设计
DFE	Design for Environment	面向环境的设计
DFES	Design for Energy Saving	面向能源节省的设计
DFM	Design for Maintenance	面向维护的设计
DFR	Design for Recycling	面向再循环的设计
DFR	Design for Remanufacture	面向再制造的设计

续表

缩略词	英文全称	中文全称
	Ecologically Beneficial Material	环境友好型材料
	Environmentally Conscious Design	环境意识设计
	Environmental Conscious Product	环境协调产品
	Ecological Design	生态设计
EF	Ecological Footprint	生态足迹
	Environmental Friendly Design	环境友好设计
	Environmentally Friendly Material	环境兼容性材料
	Environmental Friendly Product	环境友好产品
	Ecological Friendly Product	生态友好产品
	Eco-Label	生态标志制度
	Environment Label	环境标志制度
EV	Electric Vehicle	电动汽车
FDA	U.S. Food and Drug Administration	美国食品药品监督管理局
FSC	Forest Stewardship Council	森林管理委员会
	Green Design	绿色设计
GEF	Global Environment Facility	全球环境资金
	Global Ecolabelling Network	全球环境标志网络
GHGs	Greenhouse Gases	温室气体
	Green Label	绿色标志制度
GNP	Gross National Product	国民生产总值
	Green Product	绿色产品
	Green Packaging Design	绿色包装设计
GWP	Global Warming Potential	全球变暖潜能值
HEV	Hybrid Electric Vehicle	混合动力电动汽车
ILO	International Labour Organization	国际劳工组织
IPCC	Intergovernmental Panel on Climate Change	政府间气候变化专门委员会
ISO	International Organization for Standardization	国际标准化组织

续表

缩略词	英文全称	中文全称
IUCN	International Union for Conservation of Nature	国际自然保护同盟
JLCA	the Life Cycle Assessment to Japan	JLCA 协会
KP	Kyoto Protocol	京都议定书
	Life Cycle	生命周期
LCA	Life Cycle Assessment	（全）生命周期评价
LCD	Life Cycle Design	（全）生命周期设计
LCE	Life Cycle Engineering	（全）生命周期工程
LCI	Life Cycle Inventory	（全）生命周期清单
LCIA	Life Cycle Inventory Assessment	（全）生命周期影响评价
MA	Millennium Ecosystem Assessment	千年生态系统评估
	Nordic Council	北欧委员会
ODP	Ozone Depletion Potential	臭氧消耗潜值
ODS	Ozone Depleting Substances	消耗臭氧层物质
	Ozone Layer Depletion	臭氧层耗损
	Product Life Cycle Design	产品生命周期设计
	Plan of Implementation of the World Summit on Sustainable Development	可持续发展世界峰会实施计划
REPA	Resource and Environmental Profile Analysis	资源环境状况分析
SETAC	Society of Environmental Toxicology and Chemistry	环境毒理学与化学学会
SLCA	Social Life Cycle Assessment	社会生命周期评价
SO_2	Sulfur Dioxide	二氧化硫
	Sustainable Design	可持续设计
	Sustainable Development	可持续发展
TBT	Technical Barriers to Trade	技术性贸易壁垒
	The Johannesburg Declaration on Sustainable Development	关于可持续发展的约翰内斯堡宣言
	The Rio Declaration on Environment and Development	关于环境与发展的里约热内卢宣言

续表

缩略词	英文全称	中文全称
	Taiga Rescue Network	泰加林拯救网络联盟
	The Stockholm Declaration on Human Environment	关于人类环境的斯德哥尔摩宣言
	United Nations Convention on Biological Diversity	联合国生物多样性公约
UNCED	United Nations Conference on Environment and Development	联合国环境与发展大会（简称里约环发大会）
	United Nations Conference on the Human Environment	联合国人类环境会议
UNCSD	The United Nations Commission on Sustainable Development	联合国可持续发展委员会
	United Nations Conference on Sustainable Development	联合国可持续发展大会
	United Nations Development Programme	联合国开发计划署
UNEP	United Nations Environment Programme	联合国环境规划署 UNFCCC
	United Nations Framework Convention on Climate Change	联合国气候变化框架公约
WB	World Bank	世界银行
WCED	World Commission on Environment and Development（Brundtland Commission）	世界环境与发展委员会（也称布伦特兰委员会）
WMO	World Meteorological Organization	世界气象组织
WSSD	World Summit on Sustainable Development	可持续发展世界峰会
WTO	World Trade Organization	世界贸易组织（简称世贸组织）
WWF	World Wide Fund for Nature	世界自然基金会